チンチラ飼育バイブル

長く元気に暮らす50のポイント 新版

田園調布動物病院院長 **田向健一** 監修　一般社団法人日本チンチラ協会会長 **鈴木理恵** 協力

メイツ出版

はじめに

近年、エキゾチックアニマルと呼ばれる動物たちを飼育する人が増加しています。エキゾチックアニマルとは、「犬猫以外でペットとして飼育される動物」を指しています。これから紹介するチンチラもエキゾチックアニマルのひとつです。

チンチラはもともと自然では南米の標高の高い山岳地帯に生息するげっ歯類の一種で、現地では野生下の生息数が少なく大変貴重な動物です。しかし、現在ペットとして流通している個体はすべて人の下で繁殖された個体です。

チンチラはその黒目がちな目、ベルベットのような美しい被毛、エキゾチックな耳、活動的で表情も豊か、人を認識して慣れてくれて、飼い主を飽きさせることはありません。また寿命が10～15年と長寿で、長い時間を一緒に暮らせるのも大きな魅力です。

その一方、暑さやストレスに弱いこともあり、飼育するには空調をきちんと管理できる静かな環境を用意することがとても大切です。

チンチラは我が国ではペットとしての歴史はそれほど長くなく、食《しょく》餌《じ》や病気などを含め情報が少ないのが現状です。本書制作にあたり、一般社団法人日本チンチラ協会の鈴木理恵さんには多大なご協力を頂きました。そして、今チンチラを飼っている方、これからチンチラを飼いたい方に向けて、今までわかっていること、飼い方、また最後の看取りまでを1冊にまとめました。

本書をきっかけにチンチラが健康で長生きできる一助になれば監修者としてこれほど嬉しいことはありません。

田向　健一

本書の見方

本書はチンチラの適切な飼育法をテーマごとに紹介しています。
ポイントはもちろん、注意することや困ったときの対策などを確認し、
素敵なチンチラとの暮らしを楽しみましょう。

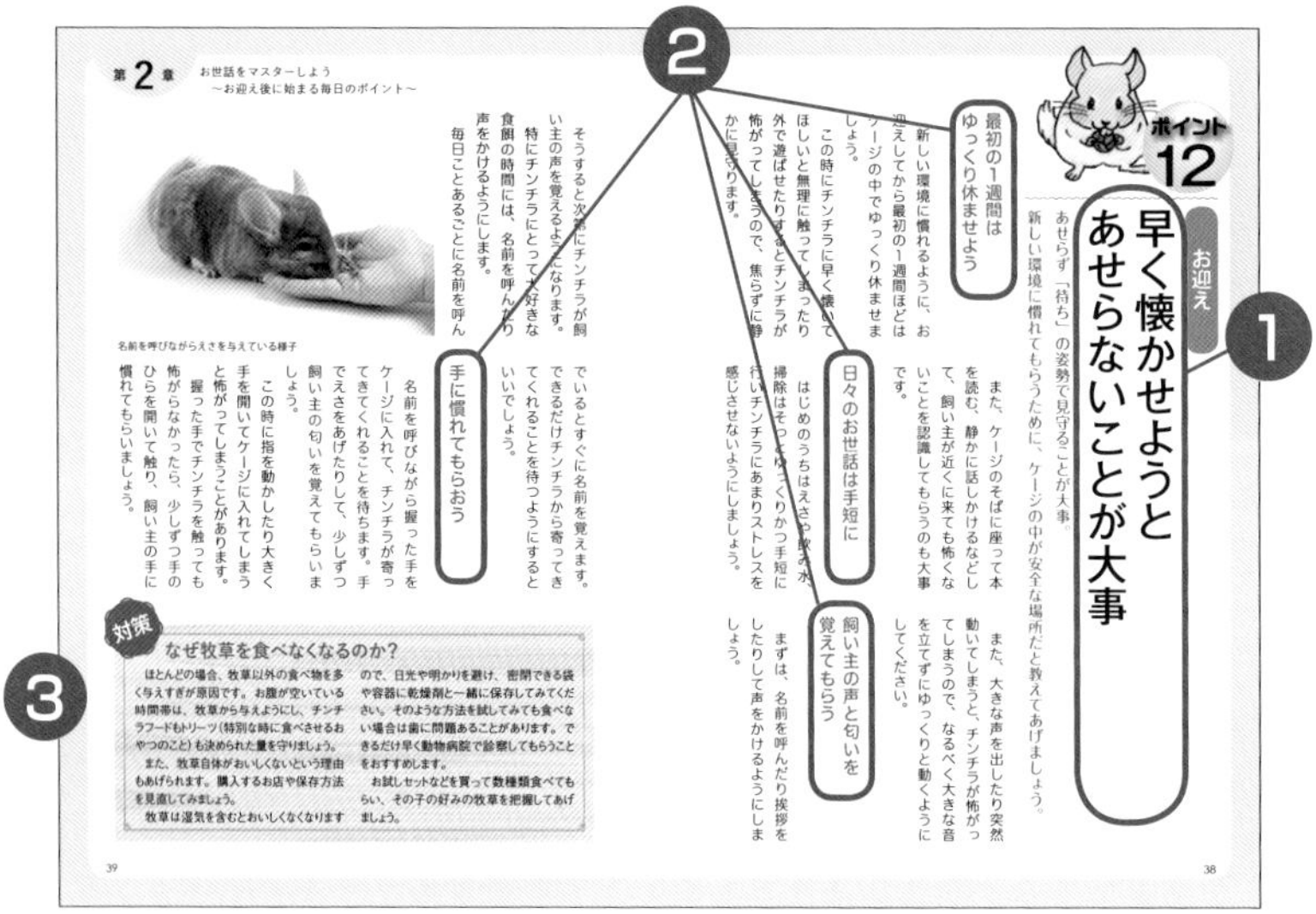

第2章 お世話をマスターしよう ～お迎え後に始まる毎日のポイント～

ポイント12 お迎え

早く懐かせようと あせらないことが大事

あせらず「待ち」の姿勢で見守ることが大事
新しい環境に慣れてもらうために、ケージの中が安全な場所だと教えてあげましょう。

最初の1週間は ゆっくり休ませよう

新しい環境に慣れるように、お迎えしてから最初の1週間ほどはケージの中でゆっくり休ませましょう。

この時にチンチラに早く懐いてほしいと無理に触ってしまったり外で遊ばせたりするとチンチラが怖がってしまうので、焦らずに静かに見守ります。

また、ケージのそばに座って本を読む、静かに話しかけるなどして、飼い主が近くに来ても怖くないことを認識してもらうのも大事です。

また、大きな声を出したり突然動いてしまうと、チンチラが怖がってしまうので、なるべく大きな音を立てずにゆっくりと動くようにしてください。

日々のお世話は手短に

はじめのうちはえさや飲み水、掃除はそっとすばやく手短に行い、チンチラにあまりストレスを感じさせないようにしましょう。

飼い主の声と匂いを覚えてもらう

まずは、名前を呼んだり挨拶をしたりして声をかけるようにしましょう。

そうすると次第にチンチラが飼い主の声を覚えるようになります。特にチンチラにとって大好きな食餌の時間には、名前を呼んだり声をかけるようにします。毎日ことあるごとに名前を呼んでいるとすぐに名前を覚えます。できるだけチンチラから寄ってきてくれることを待つようにするといいでしょう。

手に慣れてもらおう

名前を呼びながら握った手をケージに入れて、チンチラが寄ってきてくれることを待ちます。手でえさをあげたりして、少しずつ飼い主の匂いを覚えてもらいましょう。

この時に指を動かしたり大きく手を開いてケージに入れてしまうと怖がってしまうことがあります。握った手でチンチラを触っても怖がらなかったら、少しずつ手のひらを開いて触り、飼い主の手に慣れてもらいましょう。

名前を呼びながらえさを与えている様子

対策 なぜ牧草を食べなくなるのか？

ほとんどの場合、牧草以外の食べ物を多く与えすぎが原因です。お腹が空いている時間帯は、牧草から与えるようにし、チンチラフードやトリーツ（特別な時に食べさせるおやつのこと）も決められた量を守りましょう。

また、牧草自体がおいしくないという理由もあげられます。購入するお店や保存方法を見直してみましょう。

牧草は湿気を含むとおいしくなくなりますので、日光や明かりを避け、密閉できる袋や容器に乾燥剤と一緒に保存してみてください。そのような方法を試してみても食べない場合は歯に問題あることがあります。できるだけ早く動物病院で診察してもらうことをおすすめします。

お試しセットなどを買って数種類食べてもらい、その子の好みの牧草を把握してあげましょう。

39 38

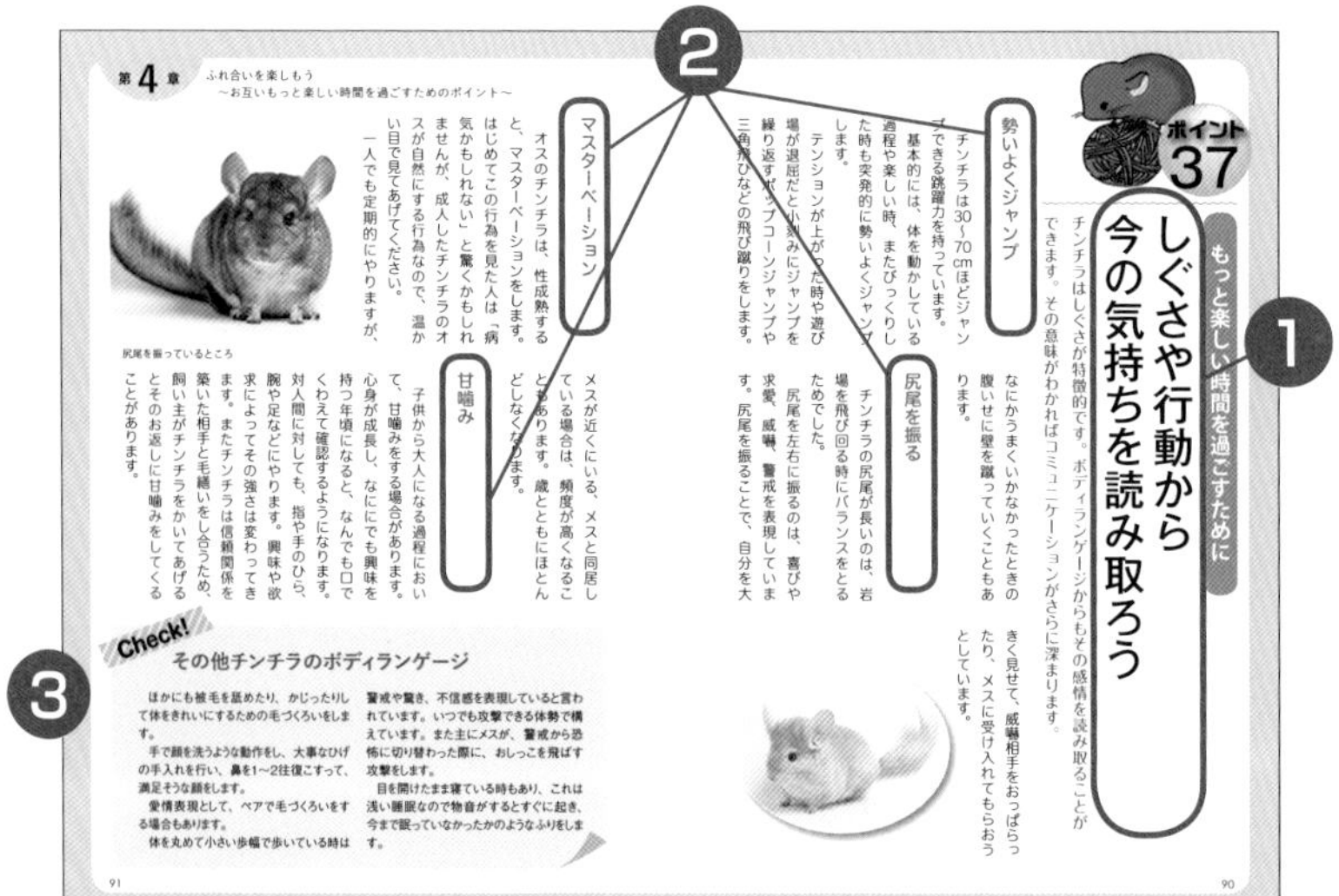

第4章 ふれ合いを楽しもう ～お互いもっと楽しい時間を過ごすためのポイント～

ポイント37 もっと楽しい時間を過ごすために

しぐさや行動から今の気持ちを読み取ろう

チンチラはしぐさが特徴的です。ボディランゲージからもその感情を読み取ることができます。その意味がわかればコミュニケーションがさらに深まります。

勢いよくジャンプ

チンチラは30～70cmほどジャンプできる跳躍力を持っています。

基本的には、体を動かしている過程や楽しい時、またびっくりした時も突発的に勢いよくジャンプします。

テンションが上がった時や遊び場が退屈だと小刻みにジャンプを繰り返すポップコーンジャンプや三角飛びなどの飛び蹴りをします。

なにかうまくいかなかったときの腹いせに壁を蹴っていくこともあります。

尻尾を振る

チンチラの尻尾が長いのは、岩場を飛び回る時にバランスをとるためでした。

尻尾を左右に振るのは、喜びや求愛、威嚇、警戒を表現しています。尻尾を振ることで、自分を大きく見せて、威嚇相手をおっぱらったり、メスに受け入れてもらおうとしています。

マスターベーション

オスのチンチラは、性成熟すると、マスターベーションをします。はじめてこの行為を見た人は「病気かもしれない」と驚くかもしれませんが、成人したチンチラのオスが自然にする行為なので、温かい目で見てあげてください。

一人でも定期的にやりますが、メスが近くにいる、メスと同居している場合は、頻度が高くなることもあります。歳とともにほとんどしなくなります。

甘噛み

子供から大人になる過程において、甘噛みをする場合があります。心身が成長し、なにでも興味を持つ年頃になると、なんでも口でくわえて確認するようになります。

対人間に対しても、指や手のひら、腕や足などにやります。興味や欲求によってその強さは変わってきます。またチンチラは信頼関係を築いた相手と毛繕いをし合ったため、飼い主がチンチラをかいてあげるとそのお返しに甘噛みをしてくることがあります。

尻尾を振っているところ

Check! その他チンチラのボディランゲージ

ほかにも被毛を舐めたり、かじったりして体をきれいにするための毛づくろいをします。

手で顔を洗うような動作をし、大事なひげの手入れを行い、鼻を1～2往復こすって、満足そうな顔をします。

愛情表現として、ペアで毛づくろいをする場合もあります。

体を丸めて小さい歩幅で歩いている時は警戒や驚き、不信感を表現していると言われています。いつでも攻撃できる体勢で構えています。また主にメスが、警戒から恐怖に切り替わった際に、おしっこを飛ばす攻撃をします。

目を開けたまま寝ている時もあり、これは浅い睡眠なので物音がするとすぐに起き、今まで寝ていなかったかのようなふりをします。

91 90

❶各ページのテーマ
飼育者がもつ疑問や目的別に50のポイントでまとめられています。

❷小見出し
テーマに対する具体的な内容を、2～5つの視点で解説しています。

❸対策もしくは Check!
そのテーマによって「対策」もしくは「Check!」のコーナーを設けております。
対策は、テーマに対して打つべき対策を中心に紹介しております。
Check! は、テーマに対する注意点を中心に紹介しております。

チンチラ飼育バイブル　長く元気に暮らす50のポイント　新版

※本書は２０２０年発行の『チンチラ飼育バイブル 長く元気に暮らす50のポイント』を「新版」として発売するにあたり、内容を確認し一部必要な修正を行ったものです。

目次

第2章 お世話をマスターしよう
～お迎え後に始まる毎日のポイント～

第3章 飼い方・住む環境を見直そう
～飼い方・住む環境を見直すポイント～

第4章 ふれ合いを楽しもう
～お互いもっと楽しい時間を過ごすためのポイント～

第5章
高齢化、健康維持と病気・災害時などへの対処ほか
～大切なチンチラを守るポイントほか～

第1章

チンチラとの暮らしの基本を知ろう

～お迎えの前に考えるべきポイント～

ポイント1

もう一度見直したい チンチラの特徴と注意点

外来種であるチンチラは日本ではまだ未知の動物です。歴史や習性を紐解くことでその素顔を探ってみましょう。

原産地はアンデス山脈

チンチラは齧歯目チンチラ科に属しています。野生では、南アメリカの西側にあるアンデス山脈全域の標高2,000mから5,000m、山の頂上付近に生息していました。人に捕獲されるようになって、より高い方へと生息地を変えていったようです。

ペットのチンチラの祖先は、チンチラ科の中のオナガチンチラで、毛皮のための乱獲によって絶滅危惧種となり、現在はチリにある国立保護区で保護されています。

被毛が厚い理由

山の上の方は、氷点下になるほどの寒冷乾燥地帯です。寒さと皮膚の乾燥を防ぐために毛穴からたくさんの細くて柔らかい毛を生やし、分厚い被毛を作り上げることで体を守っていました。

また、天敵に捕まったときに、毛を抜いて逃げるというためでもありました。

気温によって毛量を調節して暮らしてはいましたが、高温多湿には適応できません。そのため、エアコンや除湿機などで温度・湿度管理をする必要があります。

群れで活動

野生のチンチラは、家族単位で群れ（コロニー）を作って行動しています。

原産地はアンデス山脈

なわばりの境目にはフンを落として、一定の距離を保って、広い敷地内にたくさんの群れ（コロニー）が暮らしていました。

チンチラは、人間と同じくらい時間や手間をかけて、1～3匹ほどの子供を産みますが、生まれてすぐに親と一緒に行動します。そんな子供も含め、仲間を守るために、敵が来ると大きな鳴き声で危険を知らせ、一斉に敵が入り込めないような岩場の陰に逃げ込んでいました。

チンチラはほぼ夜行性

昼行性の天敵を避けるために昼間は岩場の陰で休み、夜になるとえさを探しに出かけていましたが、夜行性の天敵も増えたことから、夕方や明け方など薄暗い時間帯も行動するようになりました。気候が過酷すぎたため、水や食料となるものは非常に少なく、サボテンの根や葉、草、低い木の樹皮、根等を食べて暮らしていました。栄養を再吸収するためだけでなく、飢餓を防ぐためにも食糞をしていました。

対策 自分のライフスタイルを考えてお迎えを

チンチラの寿命は、15年前後。病気をせずに長生きすると20歳以上生きる場合もあります。今後、就職、転勤、引越し、結婚、出産などの人生の岐路が訪れても飼育し続けることができるのか、しっかりと考えながらお迎えしましょう。

チンチラはとても頭が良く感受性が豊かなため、飼い主が多忙で、共に生きられなくなると体調を崩しやすくなります。

一人暮らしの場合は、飼い主の病気や出張時に家族や友人にお願いできるか、ペットホテルやペットシッターを利用するのか等事前に考えておく必要があります。

小さな子供だけでは世話がしきれない動物です。家族でチンチラをお迎えした場合、温度管理や食餌管理、病気の発見等、家族のルールを決め、大人の管理の元で一緒に見守っていきましょう。

チンチラのカラーバリエーション

スタンダードグレー

チンチラの野生色で、1本の毛にグラデーションがあります。そのため、毛の量や生え方で色が違って見えます。表面は白味がかったグレー色で、腹部が白色。ナチュラルと呼ばれることもあります。

岩場で生活をしていて、敵から身を隠すために岩の色に近いこの色になったと言われています。

ホワイト

全身がだいたい白で、耳の毛が白いため耳はピンク色に見えます。個体によっては頭や耳、体、しっぽの付け根にベージュが入っている場合もあります。目はぶどう色や赤茶色です。ホワイトのなかでも全身真っ白で目がピンク色の場合はピンクホワイトと呼ばれることもあります。

バイオレット

全体的に青味が強くいわゆるすみれ色で、お腹は白色。両親や先祖のカラーで濃淡や艶の度合いが変化します。エボニーを血統に持つ全身がバイオレットのカラーをバイオレットエボニーやラップ・アラウンド・バイオレット等と呼ばれています。

サファイア

スタンダードグレーよりも薄く青味が強く、お腹が白色いのはサファイアです。先祖のカラーで濃淡や部分的なまだら色が出ることがあります。エボニーを血統に持つ全身サファイアカラーは、サファイアエボニーやラップ・アラウンド・サファイア等と呼ばれています。

ベージュ（シナモン）

薄茶色をしていて、腹部は白色です。先祖の血統で濃淡が出ます。毛色の濃淡で目の色も変わります。ピンク色、ぶどう色、赤茶色や茶色です。ベージュ遺伝子同士で生まれたミルクティーのような薄いベージュはホモベージュ等と呼ばれています。

その他の珍しい色のチンチラ

一見ホワイトに見え光が当たると頭部や背中が金色に見えるゴールドバーと呼ばれるカラー。バイオレットとサファイアの遺伝子で作られたブルーダイヤモンドと呼ばれるカラーなど、まだまだレアなカラーもあります。スタンダードグレー以外は、ブリーダーの長い歴史の中で、突然変異や改良でカラーバリエーションが生まれました。新しいカラーは定着するまでに時間がかかるため、その間様々なカラー名で呼ばれることがあります。それがそのまま各国の呼び名となり、同じカラーでも、国によって呼び名が違う所以です。世界にブリーダーが繁殖を続ける限り、これからもきっとチンチラの新たなカラーは増えていくでしょう。

エボニー

鼻先指先以外は全身真っ黒で、先祖のカラーによっては光沢や濃淡が分かれ、個体によっては、胸元や耳が若干薄い黒色になっている場合があります。黒以外のカラーから生まれた真っ黒でない黒をヘテロエボニー、全身の茶味が強い場合、マホガニーやチャコールと呼ばれることもあります。

ブラックベルベット

光沢のある黒で、腹部は白色です。体をふちどるように白から黒へグラデーションが入ります。すべてのチンチラの毛艶の素のカラーと言われています。

モザイク（パイド）

耳はグレーで、白地にグレー等の模様や柄が入っているカラーです。その模様や柄、先祖のカラーで、ホワイトモザイク（パイド）、シルバーモザイク（パイド）、ユニークモザイク（パイド）、バイオレットモザイク（パイド）、ベージュモザイク（パイド）等と呼ばれることもあります。

ブラウン

茶色の毛色をしています。

同じブラウンでも、お腹が白い個体はブラウン・ベルベット、全身茶色の個体はタンやブラウン・エボニーと呼ばれることもあります。

チンチラの新種「ロイヤル・ペルジアン・アンゴラ」「ロックン」「ロイヤル・インペリアル・アンゴラ」

1960年代にアメリカでチンチラの長毛種が突然変異で誕生しました。その後アメリカのブリーダーがその遺伝子の研究に成功し、2005年に「ロイヤル・ペルジアン・アンゴラ」として世界的に発表しました。また、ドイツで突然変異で誕生した巻き毛種も、その後同じアメリカのブリーダーが、その遺伝子の研究に成功し、2007年に「ロックン」として発表しました。また2017年には、その両方の遺伝子を持つ新種「ロイヤル・インペリアル・アンゴラ」を同じブリーダーが発表しています。日本には、2011年に「ロイヤル・ペルジアン・アンゴラ」と「ロックン」を、2018年に「ロイヤル・インペリアル・アンゴラ」を、鈴木理恵が日本で初めて輸入および研究を続け、イベント等で発表しています。

ポイント2

チンチラの基本知識

人とチンチラの歴史 ～始まりはたった12匹から～

人間とチンチラの出会いはドラマチックかつ悲しい歴史。

人とチンチラが共存していた頃

野生のチンチラが生息していたアンデス山脈は寒冷乾燥地帯であるため、原住民であるインディアンたちは、寒さをしのぐためにチンチラの毛皮を衣服や寝具として利用していました。この時代は、必要以上にチンチラを捕獲しようとしなかったため、人とチンチラがうまく共存し、チンチラは人を怖がらずによく慣れていたそうです。

チンチラ狩りの始まり

1500年代にアンデス山脈がスペインの植民地になったことで、チンチラの毛皮の魅力に気づいたスペイン人によるチンチラの乱獲が始まります。その後チンチラは金儲けのために乱獲され続け、1800年代には世界的にチンチラ狩りが盛んとなり、1900年代にはピークを迎えます。そこで初めてチンチラが絶滅寸前であることに気づきます。チンチラの小さな体を使って毛皮のコートを作るためには、1着に200～300匹必要で、何万匹ものチンチラが乱獲され続けていたのです。そして、1910年にやっと条約が締結し、野生のチンチラの捕獲と商業的な輸出が禁止されました。

チンチラ飼育のキーマン チャップマン氏

1918年にチリの銅山で働いていたチャップマン氏のもとに、原住民がチンチラを売りにきました。チャップマン氏はチンチラをとても気にいって購入し、ペットとして飼育し始めました。そして、いつかチンチラをアメリカに持ち帰って、ペットとして販売し、毛皮産業を始めたいと思うようになったのです。1923年にやっとのことで出国許可がおりました。

ペットとして飼育されているチンチラの祖先

チャップマン夫妻は11匹のチンチラを乗せて船に乗り、出港しました。そしてカリフォルニアに到着する道中で1匹が死に、2匹の赤ちゃんが生まれました。

この生き残った12匹のチンチラが現在ペットとして飼育されているチンチラの祖先であると言われています。

始めは毛皮目的でチンチラの繁殖を行っていたチャップマンでしたが、チンチラの感情豊かな性質に魅せられ、とても可愛がるようになりました。

感情豊かな僕たち
をかわいがってね!

Check! 日本でチンチラ飼育が始まった時期

1961年に三島市の動物愛好家が輸入したのが、始まりと言われています。

その後1970年代から実験動物として繁殖生理部門で利用されました。

しかし、実験には向かずすぐに廃止になったと言われています。現在では行われていませんが毛皮目的として、わずかな数ではありますが、国内で繁殖も行われていました。

日本でペットとしてのチンチラ飼育を積極的に試みたのが、2002年に刊行された『ザ・チンチラ』の著者リチャード・C・ゴリス氏です。

ゴリス氏は1980年にアメリカから日本にチンチラを輸入し、飼育を始めました。

高温多湿な日本ではなかなか飼育がうまくいかず、最初は手探り状態でしたが、繁殖に成功し、多いときは20匹ものチンチラを飼育し、大切なパートナーとして暮らしていました。

チンチラの基本知識

チンチラは音と匂いで物事を判断している

チンチラの敏感な部分を知って生活を知ろう。

①視覚

どんな状況でも敵を察知することができるように、暗闇でわずかな光でも感知する能力に優れています。明るすぎる光はまぶしいと感じます。

また、大きな目が顔の両サイドについていることから広い視野が備わっています。目を動かさなくても約360度見渡すことができますが、目の前や上部や背後は見えません。視力はあまりよくありません。

②聴覚

聴覚はとてもよくて、遠くの音や細かい音、質を聞き分けることができます。大きなものにはとてもびっくりします。

チンチラは汗をかかないので耳で体温調節します。体が熱くなると耳が赤くなり放熱します。

目を動かさなくても約 360 度見渡すことができる

③嗅覚

嗅覚もかなり優れています。最終的にはにおいで確認作業をしています。

なわばりの確認や食べたことがある食べ物、仲間、敵などを瞬時に判断します。

砂浴びをするときに鼻に砂が入らないように、鼻腔に開閉できる弁があります。

④ひげ

チンチラにとって大切な感覚器官で、物の大きさや道の幅、広さ、距離感を判断します。

汚れがついて感覚が鈍くならないように、ひげをきれいにしごく仕草を頻繁に行います。顔に物質が近づくと、ひげで顔を覆って確認防御行動に出ます。よく使うので意外と抜けます。

複数飼育の場合は、短くかじられてしまう場合もありますが、また生えてきます。

ふわふわと柔らかな被毛に包まれていますが、身体自体はそれほど大きくありません。体の倍くらいの毛に包まれています。

1本の毛穴からは50~100本の毛が生え、約3ヶ月ごとに新しいものに生え変わります。

身体の平均値

体　長	約 25cm ～ 35cm
体　温	37 度～ 38 度
尾　長	約 15cm ～ 20cm
心拍数	100 ～ 150/ 分
体　重	約 400g ～ 900g
呼吸数	40 ～ 80/ 分

ひげは大切な感覚器官

チンチラの基本知識

チンチラをどこでお迎えするかは条件次第

チンチラをお迎えする心の準備を整えたら、どこでお迎えするかを検討しよう。

どこからお迎えするかは慎重に

チンチラをお迎えするには、ペットショップやブリーダー、里親募集、知人に譲ってもらうなどの方法があります。

お迎え先を間違えて「こんなはずじゃなかった」という結果になってしまっては本末転倒です。特にお迎え先の管理方法はよく見極めましょう。

「チンチラと暮らしたい」とはやる気持ちを抑えて、どこからお迎えするかは慎重に考えて選ぶようにします。また、自分でもチンチラやチンチラの飼育について事前に勉強し、精神的にも物理的にも金銭的にも準備が必要です。どんなチンチラもとてもかわいいですが、準備もなしに衝動的に連れて帰るのはよろしくありません。そして、自分と相性の合うチンチラを時間をかけて探しましょう。

ペットショップからお迎えする場合

ペットショップからチンチラをお迎えする方法が最も一般的です。チンチラについて詳しい知識を持ち、親身になって接客をしてもらえるペットショップを選びましょう。迎えるチンチラや飼育の説明も受けられ、お迎え後も相談ができとても安心です。

また、ペットショップでお迎え

する場合、その子にあったケージや飼育グッズに関してもアドバイスをもらいながら一緒に購入できるというメリットもあります。

ブリーダーからお迎えする場合

日本のペットショップで販売されているチンチラは、海外からの輸入個体がほとんどですが、近年は非常にさまざまなチンチラが輸入されていますので、種類は豊富です。それでも、日本生まれで日本の気候に慣れている、生い立ちなどのお話が聞けるなどのメリットから、自身で繁殖しているお店または個人のブリーダーからお迎えする方も増えてきました。両親がわかるので、その後の成長の傾向と対策をしっかり説明を受けられます。

里親募集でお迎えする場合

里親募集の場合は、さまざまな条件の掲示がありますので、まずはそれをしっかり確認する必要があります。個人の場合は言った言わないといったトラブルも多いものです。まずは有償か無償か、本人の健康状態や性質、いままでの飼育方法など、詳しく話を伺っておきましょう。

また、遠方や事情がある里親募集の場合、受け渡し方法に無理がないか、どういった方法があるかなども事前にしっかり確認して、飼育用品などのお迎えの準備をしましょう。

Check! お迎えするときに注意したいポイント

チンチラをお迎えする際に、後悔しないためにも、チェックしておきたい大切な項目がいくつかあります。

□不衛生な環境の中で飼育されている
□離乳が早すぎる
□小さすぎる
□痩せている
□元気がない
□異常に怖がるなどの心身に問題がある
―など。

また、インターネット上だけのやりとりのみで、購入する動物を事前に本人に会って確認することなく、空輸などで送ることや、動物取扱業として登録されている住所以外の場所で本人に会って受け渡しをすることは動物愛護管理法で禁じられています。事前にこの「お迎えの際のチェックポイント」を確認してトラブルを防ぎましょう。

健康状態もしっかりチェックしてください。

チンチラの基本知識

オスとメスの見分け方と性格の特徴を知ろう

チンチラのオスとメスの身体的特徴や基本的な性格の違いを知っておきましょう。

オスとメスの体の違い

オスの生殖器は、肛門とペニスの突起の位置が１cmほど離れています。メスの生殖器は、非常に近いです。

オスには睾丸があり、興奮したり体温があがると大きく膨らみます。

メスには生殖器の真ん中に膣があり、１ヵ月から１ヵ月半ごとに訪れる発情期の間だけ膣口が開きます。

また、同じ血統であればメスの方がオスよりも体が大きくなることが多いです。体格は、血統によって変わってきます。

オスの性格

チンチラの繁殖は、女性上位のため、オスは相手をよく観察し、平和主義な傾向があります。

近くにメスがいる場合は、メスの発情期には頻繁に鳴き声を発し、気を引こうとします。

群れでは、強いオスだけが残っ

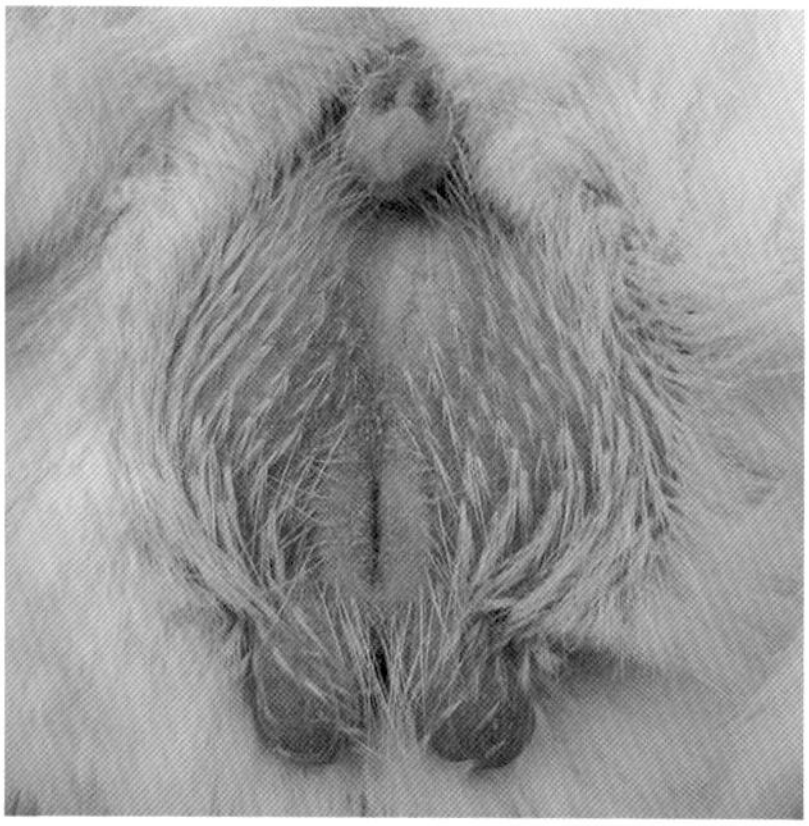
オスの性器

たので、同じような性格のオスが複数いる場合は、優劣を激しく争うことがあります。

メスの性格

メスは発情期にオスを選べる立場にいるため、オスよりも性質が強い傾向があります。また母親になる本能から、自分の体を守ろうとする意識が強く、自分が好まないことをされるとひどく怒ったり、おしっこをかけてくることがあります。ただし、オスでも怒ったり、警戒したりしておしっこをかけることはあります。

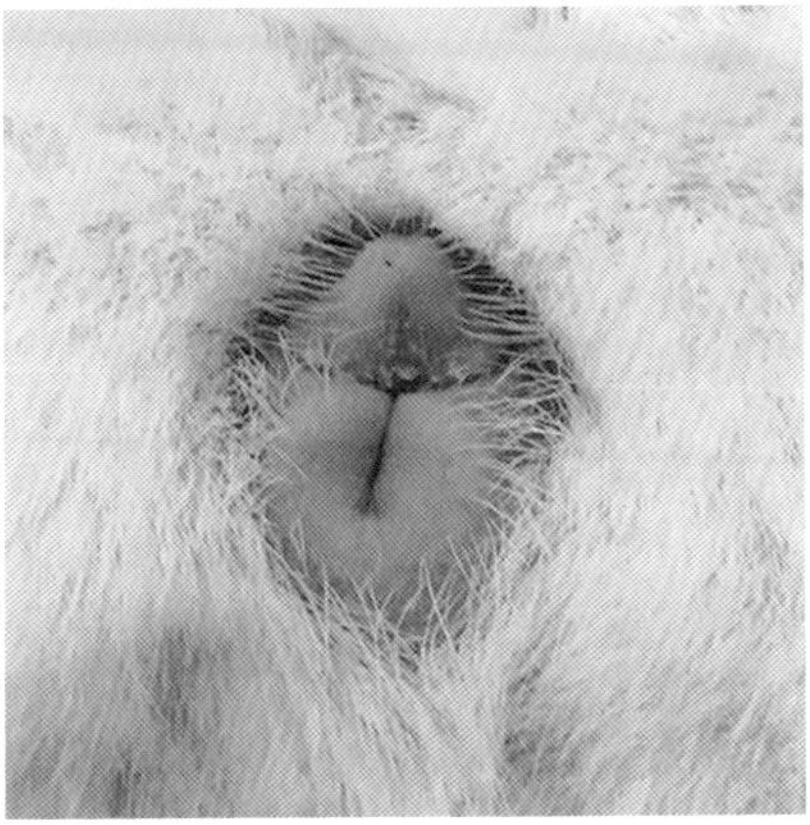
メスの性器

もともとは群れの中ではメスが多かったので、メスの方が和を求める傾向はあり、気を許せば、とても信頼してくれます。

オスとメスの違いよりも個性を知ることが大事

チンチラは他の動物に比べて、性別の違いは少ない動物と言われています。オスとメスには前述したような一般的な性格の特徴がありますが、チンチラそれぞれの個性の方が強く、性格はまったく異なります。

人間と同じように、オスのような性格のメスやメスのようなオスもいます。

チンチラの個性をしっかりと理解しましょう。

お迎え先でのチンチラの性別判断が間違っていた!?

チンチラをお迎えしたあとに、あらかじめ聞いていた性別と違っていたということがあります。

メスとして購入をしたら、睾丸がふくらんできたり、オス同士のチンチラを購入したつもりが実はオスとメスで、予定外に妊娠してしまったというケースもあります。

心配な場合は動物病院に行って、性別の判断をしてもらいましょう。

お迎えの準備

個体選びは、とにかく元気でよく食べているかがポイント

できるだけ長く一緒にいたいから、健康な子を選びたい。

チンチラの健康チェック

まずは外見からチンチラの健康をチェックしましょう。

健康のチェックポイント

- □目やにや涙は出ていないか
- □目に輝きはあるか
- □毛並みは艶やかで脱毛していないか
- □鼻水は出ていないか
- □痩せていないか
- □体に傷や汚れはないか
- □食欲はあるか
- □よく牧草を食べているか
- □よく動いているか
- □乾いた大きなフンをしているか

できるだけ抱かせてもらおう

気になるチンチラを見つけたら、抱かせてもらったり触らせてもらったりして、どんな性格か、自分と相性がよいかをチェックしましょう。

店員さんに懐いているチンチラは、飼い主にも懐きやすいとも言われています。

ケージに顔や手を近づけると興

味を示してくれるような、元気で好奇心旺盛な子もおすすめです。

肉付きがよく、牧草をよく食べるチンチラをお迎えするのがおすすめ

チンチラは、できるだけ長くママと一緒にいる方が健全です。群れの中でもたとえ乳離れはしても親離れには時間がかかります。あまり早く親離れをしてしまうと、精神的に不安定になりやすく、心配症な子に育ちやすいと言われています。

生後3ヵ月未満の場合は免疫の移行が完全に行われておらず、急に体調を崩しやすくなるため、小さすぎるお迎えはどんなに可愛くてもあまりおすすめできません。

ペットショップやブリーダーなどを回って比較してみる

ペットショップやブリーダー、もしくは里親募集で実際に気になっているチンチラに会いに行き、比較して触らせてもらうのもいいでしょう。

昼間は眠いので、ケージ内の見学では本来の性質がわかりにくい場合があります。できるだけ抱っこしたり、動いたりするところをしっかり見せてもらいましょう。

気になった子がいたら何度か会いに行くのもおすすめです。

その際に、ポイント4で紹介した「お迎えするときに注意したいポイント」のチェック項目を参考にしてみてください。

Check! チンチラを飼う前に

チンチラは頭がとてもよく、明るく陽気で感情豊か、フワフワな毛がとても気持ちよく、魅力的な動物です。

ただし、もともとは外来種のチンチラですから、飼育は簡単ではありません。可愛いチンチラと幸せな毎日を送るために、いくつかの心構えがあります。飼育する前に、次の項目をチェックしておきましょう。

①水やえさの交換、トイレの掃除を毎日行なわなければならない
②エアコンや除湿機を使用した温湿度管理を毎日気をつけなければならない
③えさ代や消耗品代、電気代や病院代など、お金がかかる
④牧草や砂浴び砂でアレルギーや病気を発症することがある
⑤チンチラを診てくれる動物病院は少ない

ポイント
7

お迎えの準備

やっぱり1匹飼いがおすすめ

1匹でもたくさんでもチンチラは飼い主を好きになります。でもその濃さには違いが出てくるものです。

チンチラは1匹がおすすめ

対1匹のお付き合いはやはりその時間は濃く、お互いにお互いをしっかりと見つめる時間が必然的に長くなります。

個性によって、その信頼関係を築くまでの時間や濃さは違ってはきますが、チンチラにとって飼い主がとても大事な存在になることは間違いありません。

1ケージ に1匹がベター

飼育下では、相性が悪いからといって野生時のように群れを離れることができません。

また、2匹のチンチラを同じケージで飼育して、どちらがえさを食べたのか、どちらのフンなのかわからない、病気になったときに原因を見つけにくい、どちらにしろ分けないといけなくなるなどのデメリットがあります。

そのため、一般家庭でチンチラを飼育する場合は原則として1ケージ に1匹ずつがベター。ただし、群れを大事にするチンチラは、相性が良ければとても仲良くなります。どうしても2匹で飼育したい場合は、お迎えする先に相談して相性を見てもらうと良いでしょう。

多頭飼育の場合は十分気をつけて！

多頭飼育のトラブル例

ペットショップで、昼間に問屋さんから仕入れたチンチラを、ケンカやトラブルがなかったので、そのまま同じケージに入れて帰ったところ、翌朝チンチラが死んでいたという事例があります。

チンチラは、昼間は眠いので、あまり過敏に反応しませんが、夜になって覚醒すると恐怖やなわばり意識からケンカが起きることがあります。激しいケンカとなり致命傷を負ったり、もしくは大きなストレスやショックが原因で亡くなってしまうというケースがあります。

メスの発情期に気に入らないオスが近づき、噛み殺してしまったという事例もあります。

同居の組み合わせ

一方で、小さいときから一緒に暮らしている同性同士であれば同居に成功するという事例もあります。

しかし、成長するにつれて仲が悪くなってしまう場合もあるため、長い目で観察や注意が必要です。

野生では限られたオスしか群れに残れず父子や兄弟で争うことが多いため、父親と息子、息子同士の同居は慎重に行いましょう。

親子、兄弟、友達でも、うまくいっているように見えて、どちらかがずっと我慢している場合があります。その場合は、ある日突然亡くなってしまうこともあるので、食欲や体重を常にチェックしておきましょう。

対策　チンチラを一人暮らしで飼う場合

一人暮らしでチンチラを飼育している飼い主もいます。

どんなに疲れて家に帰ってきても、毎日掃除や食餌を与えるなどの世話をしなければいけません。チンチラは飼い主の帰りをずっと待っていますから、お散歩などのコミュニケーションも欠かせません。

病気になったら病院に連れて行く必要があります。

夏場や冬場は24時間エアコンをつけて部屋の温度調整を行い、えさ代や飼育用品を買い揃えるための費用もかかります。

一人暮らしの場合に限りませんが、特に一人で飼育する場合は、一人で責任を持たなければなりません。最後まで大切に面倒を見ることができるのか、よく考えてからお迎えをしましょう。

ポイント
8

お迎えの準備

ケージは、網の目が細かく高さと広さがあるものを選ぼう

チンチラ専用のケージで楽しく安全にお迎えしましょう。

十分な高さと広さがあるケージを選ぼう

チンチラは夜になると想像以上に活動的です。上下左右に動き回り、予想外の動きをします。十分な広さと高さがあるケージを用意しましょう。

幅60～80㎝、高さ60～100㎝、奥行き45～60㎝以上のケージが好ましいです。

高さのあるケージはチンチラが落下してしまわないように、らせん状にステップを配置するなど対策をとりましょう。

年齢が幼いチンチラのケージ

犬や猫、ハムスターなどのチンチラ用以外のケージを使用することはおすすめしません。

年齢が幼いチンチラを網目の荒いケージに入れると、すぐに首を突っ込む傾向のあるチンチラは首をはさんだり、脱走して死亡事故につながることが多くあります。また小さすぎるケージも自由に動

好ましいケージの例

き回れずにストレスになります。

また最初からあまりに大きいケージもリラックスできなくなってしまうので注意しましょう。

金網が錆びにくく網の目が細かいケージが安心

ケージの金網はステンレス製など、錆びにくくチンチラが簡単にかじって壊してしまわない安全なものを選びましょう。

また、金網が細い、コーティングが甘いなど場合は、事故や怪我の原因にもなります。

さらに、チンチラの体は意外に細いので、キャットケージは大人でも脱走してしまうこともあるため、チンチラ用の網の目が細かいものを選ぶと安心です。

さらに、チンチラは扉の開け方も覚えてしまうので、ナスカンで出入口をロックするとなおよいでしょう。

掃除のしやすさもとても大事

巣箱や砂浴び容器の出し入れがしやすい出入口が大きめなケージは、掃除するときに便利なのでおすすめです。

正面入り口以外にも天井が開くタイプのものはケージの上部のものを取り出しやすいです。

底網やトレーを引き出せるタイプのものは、ステップをたくさん設置するチンチラのケージでは必須です。またキャスター付きのものは、ケージのサイドや裏や真下などの掃除に便利です。

対策

掃除や持ち運びに便利なキャリー

ケージの掃除をするときにキャリーがあると便利です。

普段からチンチラをキャリーに入れて慣れさせておくことで、移動のときのストレスもかかりにくくなります。

キャリーは側面と天井面が開閉するタイプのものがおすすめです。

キャリーの側面から自発的に入るようになり、動物病院で獣医さんに診察してもらうときに、天井面から抱き上げて取り出すことができます。

キャリー型の小型ケージ

お迎えの準備

ケージ内のレイアウトは、状況に合わせて変更しよう

チンチラの人生はとても長いので、そのときそのときで臨機応変に。

好きなだけ運動できる環境をつくろう

チンチラは運動能力がとても高く非常に活発に動く動物です。ステップやロフト（ステージ）を設置して高低差を作り、好きなだけ運動できる環境を作りましょう。

そして、ケージ内のレイアウトはチンチラの年齢や性格、健康状態に合わせて定期的に見直しを行いましょう。

ケージ内はロフトで高低差を作った

えさ入れや給水ボトルの置き場

えさ入れはひっくりかえしてしまうことが多いので、固定式か重い陶器製のものがおすすめです。えさを食べているところがよく見える位置に設置しましょう。給水ボトルは飲んでいる最中に多少水が垂れるので、木製品の上は避けた方がよいです。ボトルは場合によっては留め具や本体をかじって穴をあけてしまうことがありますので、チンチラの傾向によってはボトルのタイプを吟味する必要があります。

巣箱やハンモックは2つ用意するのがおすすめ

チンチラはもともとは岩場の陰で休んでいた動物です。狭くて薄暗いところが大好きです。チンチラが入って落ち着ける巣箱を設置してあげましょう。ハウスにもなる砂浴びツボで兼用するのもおすすめです。

また、高いところのほうが安心するので、天井からハンモックを設置すると、お気に入りの場所になる可能性も。かじりにくい素材や製法のものを選びましょう。

回し車を置くときの注意点

チンチラのケージに回し車を設置する場合、その子の性質を見極める必要があります。

まず、かじり癖のある子は、かじってしまうのでプラスチック製のものは避けます。

回している最中にずれたり、外れたりしないように、ケージに固定して取り付けられるタイプのものが好ましいです。

また、ホイールが小さいと背骨に負担がかかってしまうので、直径35cm～40cmの大きさのものを選ぶとよりよいでしょう。ただし事故も多い遊具のため、特に複数でケージに入っている場合は慎重に設置を検討してください。

回し車（直径 40cm）の例

トイレを覚えるのが苦手！

チンチラは一般的にトイレを覚えるのが難しいと言われていますが、近年では覚える子も多くなってきました。それでも、個体差があり、覚えない子は全く覚えません。

1匹でケージで暮らしていれば、ケージ内の自分なりの使い方を決めていくので、だいたい決まった場所で排尿をするようになります。ただし、チンチラの腸は常に動いているため、フンはあちこちに押し出されます。

正常なフンはよく乾燥していて匂いもほとんどありませんが、フンの上に排尿されると腐っていきますので、尿同様に頻繁に掃除が必要です。

ポイント10

お迎えの準備

快適さを高めるには飼育グッズの工夫がカギ

快適に暮らせるグッズを揃えましょう。

体重計

チンチラの毎日の健康管理に便利な飼育グッズです。

1g単位で、2～3kgまで測れるタイプがおすすめです。

一般的にはプラケースや簡単なキャリーにチンチラを入れて測ります。

容器を置いてから重さを0にセットし、その後チンチラを入れて重さを確認します。毎日体重計に乗る練習をしていると、ケースに入れなくても乗れるようにもなります。

デジタル体重計

トイレ

トイレは覚えないと言われているチンチラですが、よく排泄する場所にトイレを置くと覚えるようになる子もいますので、ケージ内にトイレを設置する場合もあります。トイレはケージの隅に置き、動かしてひっくり返してしまわないような重さがあってかじって壊されない陶器製のものがよいでしょう。

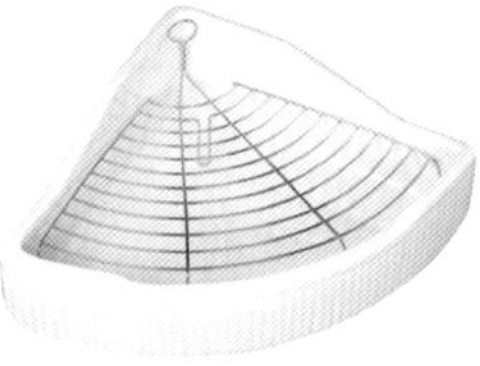

陶器製のトイレ

ナスカン

チンチラは頭が良く、飼い主の

ナスカン

開閉の仕方をよく見て覚えます。開けたい場所をやみくもにガチャガチャやり続けて開けてしまうこともあります。またちょっとした隙間から頭や手を突っ込んで脱走する恐れがあります。

ナスカンでしっかり施錠して脱走対策をとりましょう。

また、扉のゴムなどがゆるくなったときにも利用できます。

季節対策グッズ

四季のある日本では通年エアコンを入れっぱなしにしていても温湿度が不安定になりがちです。そんなときに、サポートしてくるグッズが季節対策グッズです。

暑さの緩和のためには、大理石やアルミでできた涼感プレート、底冷え予防や闘病中の体の冷え対策にペットヒーター、湿度対策に除湿機などを使用します。

ペットヒーターは、使い方によって様々なタイプがあるので、ケージや個体に合わせて選びましょう。

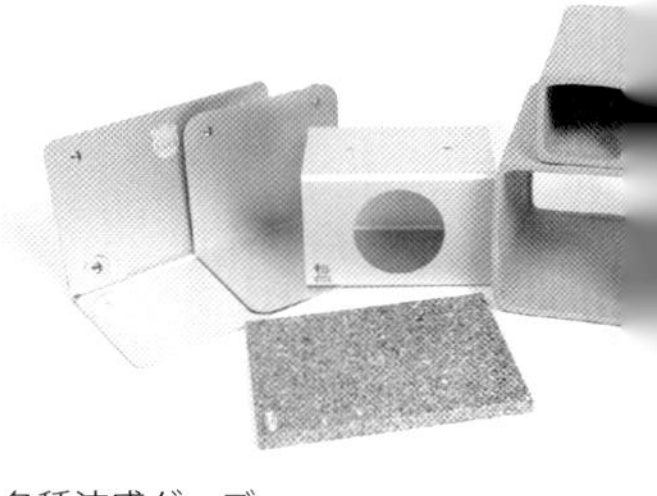

各種涼感グッズ

ケージの下に敷く床材やマット

ケージの下に敷く床材は、木材のチップやバミューダグラスなどの牧草、樹脂マット、金網、布製のケージマットなどがあります。

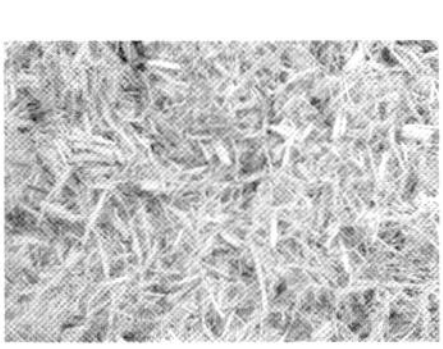

広葉樹マット

チンチラ用の下網のあるトレー式のケージの場合は、トレーの方へ木製チップなどを敷き、排泄物の消臭や毛や砂の舞い散りを防ぎます。下網の上には、木製や樹脂製すのこなどを敷く場合が多いですが、場合によっては毛におしっこが付きやすくなってしまうので、布製のおしっこマットなどを敷くこともあります。

ケージが下網トレー式でない場合は、木材のチップが足に優しく、吸水性も高いです。

広葉樹の白樺やポプラのチップがアレルギーが起きにくくおすすめです。

牧草を敷く場合はチモシーは腐りやすいので、水はけがよくさらさら感を保ち、体に汚れがつきにくいバミューダグラスが最適です。

ポイント
11

お迎えの準備

おもちゃ類なども チンチラの飼育には欠かせない

寝ることも遊ぶことも大好きなチンチラは寝床やおもちゃはいくつあっても嬉しい。

巣箱やハンモック

ウッドハウスの例

チンチラが寝床として使う巣箱やハンモックや布製のベッドは、チンチラの安心には欠かせないグッズです。

木製の巣箱は冬の防寒対策としても使えますが、短期間で全部かじっておもちゃにしてしまう場合もあります。

チンチラのすべての用品は消耗品と考えましょう。

砂浴び容器と砂

チンチラは毎日砂浴びを行うので砂浴び容器と砂は必須アイテムです。

砂浴び容器は、チンチラがかじりにくいガラス製やアクリル製、陶器製ものを選ぶといいでしょう。

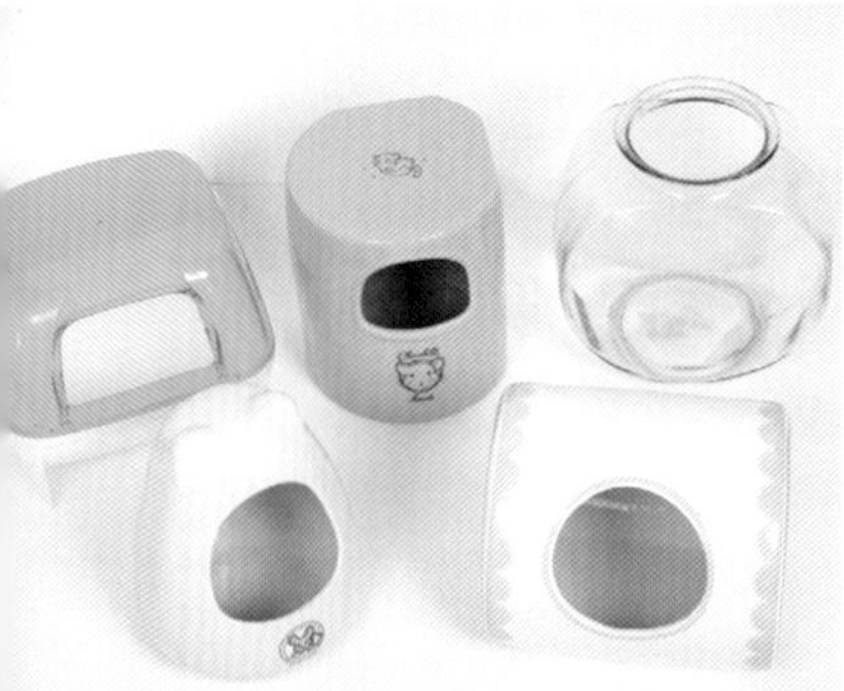

各種砂浴び容器

パーチやステップ

スパイラルパーチ

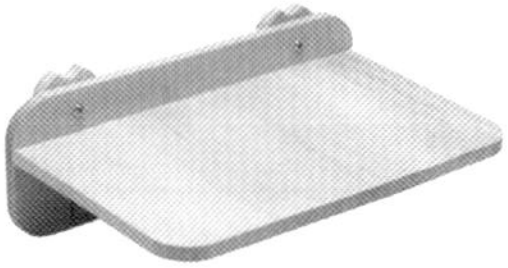
ステップの例

パーチやステップを活用することで、チンチラが楽しく活発に動くことができるようになります。

退屈防止や運動不足解消にも一役買いますし、起きている時間は動いていることがとても楽しいのです。

大きなケージは落下防止策のためにもしっかりとステップでレイアウトを組んだ方が安全です。

おもちゃ類

かじり木や石、牧草でできたおもちゃなどチンチラが大好きなかじれるおもちゃを与えましょう。

頭を使う遊具はチンチラの欲求の解消ややケージの金網のかじり癖予防にもなります。

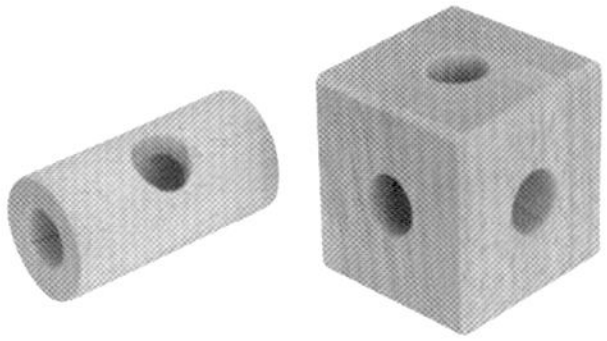
おもちゃの例

その他おすすめの飼育グッズ

その他にも、チンチラはトンネルを使って身を隠す本能があるため、トンネル風なものがあると安心します。

野生のチンチラは植物の中をくり抜いて日差しを避けたり、天敵に見つからずに標高の低い場所への行き帰りのために長いトンネルを作っていました。

また、ケージの中を楽しくするために、ケージに階段上の止まり木を設置するのもいいでしょう。

ケージの金網かじりをする子には、かじれるおもちゃのほかに木製のかじれるフェンスをケージの金網に設置するとかじり防止につながります。

コラム 1

チンチラを飼う際に必要な心構えについて、『チンチラの明るい未来を目指して』をモットーに活動している一般社団法人日本チンチラ協会 理事長・前川桂子さんにお話を伺いました。

「お迎えする前にチンチラの生態と飼育の条件を知ってほしい」

チンチラはとても賢い動物です。感受性が強く、表情豊かで、仲間思いで、知能も高く、素晴らしい才能を持ち合わせています。

彼らと信頼関係を築いて、程良い距離感で良好な関係を作れると、チンチラも私たち人間もとても幸せな時間を共にできます。

それでも、チンチラの飼育は決して簡単ではありません。お迎えする前にはいくつかの飼育の条件を満たしている必要があります。

そして、その上で、チンチラと良好な関係を築くにはどうすれば良いか?

それは、とにかく“チンチラのことをよく知ること”です。まずは、お迎えする前に、基本的な生態や飼育の条件を頭に入れておくことがとても大事です。それでも、実際にチンチラをお迎えしてみると、その通りにうまくできないことも多いものです。そんなときは絶対に一人で悩まず、お迎えしたお店やチンチラを通じて知り合った友達に相談しましょう。経験者のお話は、苦しくなった気持ちを和らげ、解決の糸口を見つけるきっかけを与えてくれるはずです。

一般社団法人日本チンチラ協会は、チンチラを飼いたいと思っている方や、飼いはじめの初心者さん向けのご相談をお受けしたり、飼育セミナーを行ったりしています。

チンチラのお世話や体調の管理や整理ができるアプリ「チラケア」の提供、災害時にどのような事に気をつけてチンチラと一緒に避難すれば良いかを話し合う、会員向けの防災セミナーなどを開催し、地域ごとのコミュニティの活性化も目指しております。

まだまだ未解明な部分の多いチンチラを、皆さんと共に勉強し、たくさんのチンチラのデータを集めて、もっともっとチンチラが心地良く過ごせる環境を探り、それを拡め、そしてまた、チンチラを診てくれる動物病院を応援し増やしていけたら、チンチラも、飼い主も安心して生活できるようになる。そんな、チンチラの明るい未来をつくる。その一心で全国のたくさんの会員さんと共に活動しております。

一般社団法人日本チンチラ協会
https://chinchilla.or.jp/

第2章

お世話をマスターしよう

~お迎え後に始まる毎日のポイント~

ポイント12

お迎え

早く懐かせようとあせらないことが大事

あせらず「待ち」の姿勢で見守ることが大事。
新しい環境に慣れてもらうために、ケージの中が安全な場所だと教えてあげましょう。

最初の1週間はゆっくり休ませよう

新しい環境に慣れるように、お迎えしてから最初の1週間ほどはケージの中でゆっくり休ませましょう。

このときにチンチラに早く懐いてほしいと無理に触ってしまったり外で遊ばせたりするとチンチラが怖がってしまうので、焦らずに静かに見守ります。

また、ケージのそばに座って本を読む、静かに話しかけるなどして、飼い主が近くに来ても怖くないことを認識してもらうのも大事です。

日々のお世話は手短に

はじめのうちはえさや飲み水、掃除はそっとゆっくりかつ手短に行いチンチラにあまりストレスを感じさせないようにしましょう。

また、大きな声を出したり突然動いてしまうと、チンチラが怖がってしまうので、なるべく大きな音を立てずにゆっくりと動くようにしてください。

飼い主の声と匂いを覚えてもらう

まずは、名前を呼んだり挨拶をしたりして声をかけるようにしましょう。

そうすると次第にチンチラが飼い主の声を覚えるようになります。特にチンチラにとって大好きな食餌の時間には、名前を呼んだり声をかけるようにします。

毎日ことあるごとに名前を呼んでいるとすぐに名前を覚えます。できるだけチンチラから寄ってきてくれることを待つようにするといいでしょう。

名前を呼びながらえさを与えている様子

手に慣れてもらおう

名前を呼びながら握った手をケージに入れて、チンチラが寄ってきてくれることを待ちます。手でえさをあげたりして、少しずつ飼い主の匂いを覚えてもらいましょう。

このときに指を動かしたり大きく手を開いてケージに入れてしまうと怖がってしまうことがあります。握った手でチンチラを触っても怖がらなかったら、少しずつ手のひらを開いて触り、飼い主の手に慣れてもらいましょう。

対策　なぜ牧草を食べなくなるのか？

ほとんどの場合、牧草以外の食べ物を多く与えすぎが原因です。お腹が空いている時間帯は、牧草から与えるようにし、チンチラフードもトリーツ（特別なときに食べさせるおやつのこと）も決められた量を守りましょう。

また、牧草自体がおいしくないという理由もあげられます。購入するお店や保存方法を見直してみましょう。

牧草は湿気を含むとおいしくなくなりますので、日光や明かりを避け、密閉できる袋や容器に乾燥剤と一緒に保存してみてください。そのような方法を試してみても食べない場合は歯に問題あることがあります。できるだけ早く動物病院で診察してもらうことをおすすめします。

お試しセットなどを買って数種類食べてもらい、その子の好みの牧草を把握してあげましょう。

ポイント 13

飼育のポイント

巣箱内外の状況を確認しながら清掃しよう

掃除が一番の体調管理。不衛生は病気の元です。排泄物の確認は体から出る大事なサインを受け取る作業です。

ケージの掃除は飼い主の大事な役割

ほとんどのケガや病気は、ケージ内で起こります。衛生的で安全なケージを保つことは飼い主の義務。ケージの中で飼育されているペットとしてのチンチラは野生下とは違い、飼い主がしっかり管理をしないと生きていけません。

病気やケガから守れるように、責任を持って毎日掃除をして健康的に暮らせるようにしましょう。

掃除をしながら体のチェックを行おう

ケージの掃除をする際に、チンチラがどれくらい巣箱やグッズをかじっているのか、足をひっかけそうな部分がないか、ケガをしてしまいそうな場所がないかなどをしっかり確認することがケガを防ぐ最初の一歩です。

またステップに汚れがある場合、フンなのか尿なのかもしくは血液なのか分泌物なのかなどもよく確認します。

また、掃除をしながらチンチラが反応が悪くないか、ケガをしていないかなど、体のチェックを行うといいでしょう。

また排泄物は、健康状態を示す大事なバロメーター。フンは大きさや硬さなど、尿は色や量など、毎日しっかり状態を確認しましょう。

掃除がしやすくなるような工夫を

ケージにトレー式の引き出しがついている場合は、そのトレーにペットシート等を敷くと尿も吸収しフンや牧草を丸めて捨てられるので、掃除をするときに便利です。

同様に、トイレにトイレ用シーツを敷くのも、おすすめです。

ただし、どちらもチンチラの口や手が届いてしまうことがあるので、出してしまう場合は不向きです。トレーに落ちた毛や砂の舞い散りを防ぐためには、木のチップがおすすめです。

尿をする場所がわかれば、その場所に除菌消臭効果の高いトイレの砂なども使用すると良いでしょう。

チンチラがなめても大丈夫な除菌消臭剤を選ぼう

ケージの外で排泄してしまったときやケージ内の掃除のときに除菌消臭剤等を使用します。

その際に、チンチラがなめても体にかかっても安心な成分のものを選びましょう。

また、チンチラの尿は時間が経つと匂いますので、できるだけ1日1回は尿の掃除をしましょう。

砂浴びのときの注意点

チンチラは砂浴びをします。砂浴び容器はケージの中でも外でもどちらに置いても大丈夫です。とても細かい砂を使用するので、砂浴びをするときに砂が舞います。どんな砂浴び容器を選んでも、容器から出て体をふるので必ず広い範囲に砂が舞います。

ケージまたは砂浴び容器のそばにある精密機器などには、あらかじめカバーなどをかぶせておくか、別の部屋に移動するなどが必要です。

こまめに掃除し、部屋には空気清浄機を置くことをおすすめします。

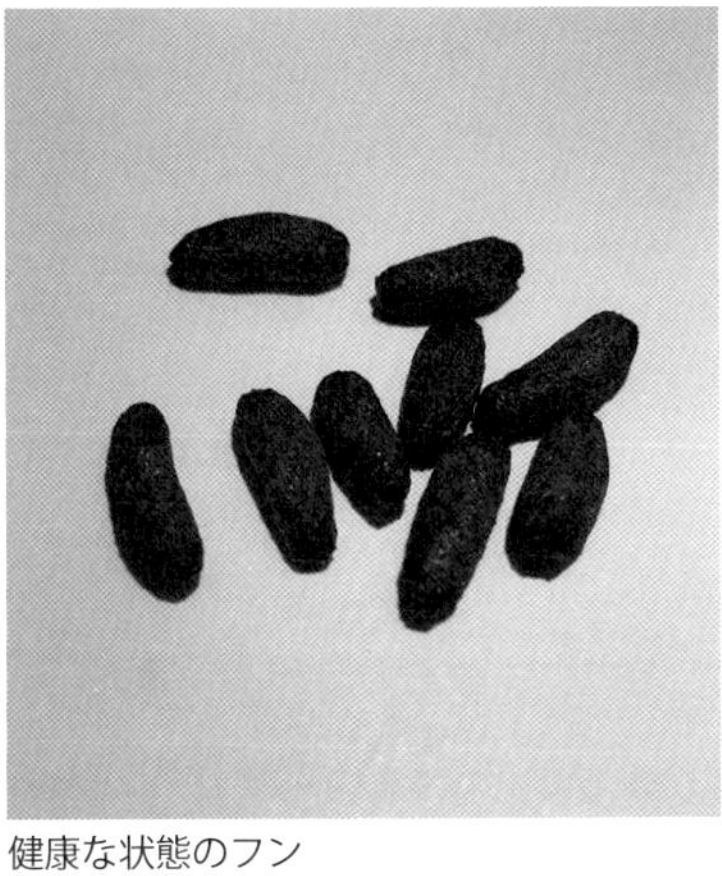

健康な状態のフン

ポイント
14

飼育のポイント

主食のチモシーは体の状態に応じて与えることが大事

代表的な主食・チモシーは、チンチラの体の状態に合わせて与えましょう。

チンチラの主食とは？

チンチラは完全な草食性で、野生下では主にイネ科の植物やその他の草、種、樹皮、低木などを食べています。

飼育下ではチモシー牧草1番刈りが主食です。チモシー牧草はチンチラに必要な栄養素を含み、硬めの牧草は歯の伸び過ぎ予防や腸の活性化を促進します。チンチラの腸は牧草を消化するに適した腸で、より多く摂取することでよりよい腸の蠕動運動を促し、便秘や軟便、下痢などを防ぎます。

その他主食として与えられる牧草

牧草は刈り取り時期や場所、保管方法によって味が変わります。ロット（出荷単位）が変わると味が変わり、いつも食べていた牧草を食べなくなることはよくあります。そんなときのために、さまざまな牧草を与えるのもいいでしょう。

チモシー以外にアルファルファやバミューダグラス、オーチャードグラス、イタリアンライグラス、オーツヘイ、ウィートヘイ、大麦若葉などの牧草が有名ですが、チモシー以外の牧草を与えすぎるとチモシーを食べなくなってしまうので、注意が必要です。

特に、アルファルファは栄養価が高く、幼年期や出産前後、病中等の食餌として追加するのもおすすめです。

上手な牧草の与え方

牧草入れはケージに固定できて、たくさん入り食べやすいものを選びましょう。

そして、牧草はなくなったら補充し、常に食べられる状態にしておきます。

また、遊んでしまったり古くなった牧草をチンチラは食べないので、もったいなくても捨ててください。

1番刈りチモシー

2番刈りチモシー

チンチラとチモシー

チモシーは1年に3回収穫できるので、1番刈り、2番刈り、3番刈りがあります。1番刈りを食べられる子が2番刈りを食べると歯の削り具合が変わって来るので注意しましょう。

3番刈りチモシー

収穫期	体の状態	特　徴
1番刈り	全年齢すべてのチンチラ	太くて硬い茎が多い。繊維質も豊富。産地や保管方法で味の変化がある。臼歯をしっかり使う。
2番刈り	偏食や歯科疾患、高齢で一時的に1番刈りの嗜好性が悪くなったときなど	1番刈りよりも茎が柔らかめで、葉も多い。産地やプレス方法でバリエーションが豊富。一時的な不調の場合、1番を食べられなければ、2番に変更して量を食べた方がいい。
3番刈り	歯科疾患や高齢によって硬いものが食べにくくなったときなど	茎がかなり柔らかく、葉が多い。茶色の葉が多め。歯茎や顎を無理させたくない場合にはおすすめ。

チンチラに与えてはいけない食べ物

人の食べ物をチンチラに与えてはいけません。食べなれていないものを与えすぎると、胃腸の調子を崩します。

毒性が強く食べてはいけないものには、玉ネギや長ネギなどのネギ類やニラ、ジャガイモの芽、アボカド、ニンニク、なす、ほうれん草、桃の種、生の豆類などが挙げられます。

また、カフェインにも中毒を起こす成分が含まれているので注意が必要です。

飲みかけのドリンクやテーブルの上の食べ残しなどうっかり口にしてしまわないように、飼い主が責任を持ってしっかり管理しましょう。

ポイント
15

飼育のポイント

チンチラフードの上手な与え方

自分で自由にえさをとりにいけない飼育下のチンチラには、栄養補助食としてチンチラフードが最適です。

少量のチンチラフードで栄養バランスをキープ

野生化のチンチラは本能的に栄養バランスを考えて自分でえさを集めていました。飼育下のチンチラはそれができないこと、牧草だけで栄養を保つには多種多様な部位と相当量の牧草の摂取が必要であることから、主食の牧草のほかに副食としてチンチラフードを与えます。

また牧草の味や質は年間を通して一定ではなく、栄養バランスも不安定なため、確実に安定した栄養素を摂取するために少量のチンチラフードが必要となります。

与えるタイミングと回数

チンチラフードは1日1回か2回に分けて与えます。

チンチラは夜中から深夜にかけて活発に活動するため、夜のみ与えるか、朝は少なく夜は多めに与えるのが基本ですが、明け方まで十分遊んで午前中に多く食べる場合もあります。チンチラは、半分食べて半分捨てる習慣があります。えさ入れに欠けたフードが残っていても古いものは捨て、新しく入れ替えます。その際にそれが食欲がないのか、捨てたものなのかがわかりづらいので、次のフードを入れたときに食べ始めるかしっかり確認しましょう。またチンチラフードは暑さや湿気に弱いので、賞味期限をチェックして、冷暗所に密封して保管しましょう。

チンチラフードの上手な選び方

チンチラフードは、まずはもともとお迎えする先で食べていたものを購入します。その後環境に慣れて、違うフードに変えたい場合は口コミや評価、ペットショップの店員さんに話をよく聞いて、評判のいいもの、原材料や栄養成分がすべて明記されていて、着色料や保存料を未使用のものを選びましょう。

種類豊富なチンチラフード

保存方法によっては固形フードは劣化しやいものです。

賞味期限などを確認して、回転が早い売れるお店を選んで購入することをおすすめします。

新しいチンチラフードへの切り替え

チンチラフードを急に変えると、まったく食べなかったり、すぐに完食したとしても胃腸が順応できずに下痢をしたり食欲が落ちたりする場合があります。

今まで与えていたチンチラフードに新しく与えるフードを少しずつ混ぜて、徐々に新しいフードの量を増やしていくようにしましょう。

Check! チンチラフードの与えすぎに注意

チンチラは固い牧草を前歯で噛み切り、臼歯ですり込んで食べるという食べ方で、一生伸びる全歯を摩耗して歯並びを整えています。そのため、牧草は栄養としても歯の健康のためにも必要不可決な食餌です。チンチラフードは臼歯を使って食べることはほとんどなく、また食べすぎは肥満や牧草を食べなくなる原因になります。

1日に与える量の目安は、体重の1%～3%ほどで、体質や体格、運動量や筋肉量、被毛の長さや量などで増減します。

チンチラフードの食べすぎは肥満などの原因になる

ポイント16

飼育のポイント

野草や乾燥野菜、ドライフルーツを与える際の注意

与えてもよい食べ物＝食餌ではありません。
食餌とおやつの境目をしっかりと理解しましょう。

野草

タンポポやオオバコ、葛の葉やびわの葉、桑の葉、柿の葉などの野草は、チンチラが大好きで体にも良いものです。必ず乾燥したものを与えましょう。

タンポポ

自家栽培でない屋外で育ったものは、管理下のものでない限り、野生動物の糞尿や肥料や虫などで汚れている可能性が高いため、できるだけ小動物用として販売されているものを与えます。少量の摂取でもチンチラが死んでしまう場合があります。

乾燥野菜

乾燥させたキャベツやニンジン、パセリ、小松菜、大葉などを少量与えることもできます。野生時に水分量の多い食べ物を摂取する習慣がなかったため、水分量が多い食べ物はチンチラ自体があまり好まず、たまたま好んで食べたとしてもお腹がゆるくなっ

干しニンジン

てしまうことがあります。また、野草と同様に与えすぎには気をつけてください。

ドライフルーツ

リンゴやパパイヤ、クコの実などのドライフルーツも少量与えることができますが、果糖が多いため、一番与えすぎに注意したい食べ物です。牧草を食べなくなります。場合によってはチンチラフードも食べなくなります。肥満や歯科疾患のリスクもあります。

クコの実

要注意な植物

アサガオやスイセン、アジサイ、ガジュマル、アセビ、ヒヤシンスなどは、チンチラが中毒をおこす可能性がある植物です。

観葉植物や園芸植物の中にはチンチラにとって有毒なものも多いので、注意が必要です。

中毒をおこすと下痢や嘔吐、血液の変色、口まわりが腫れる、けいれんなどの症状があらわれます。毒性が強い場合は死亡する場合もあります。

要注意な植物・アサガオ

対策

チンチラに与えるおやつとは?

おやつは食餌ではありません。本来は与えなくても良い食べ物です。ごほうびまたはコミュニケーションツールとして考えます。おやつの与えすぎは牧草を食べなくなる一番の原因になりやすいです。

コミュニケーションとして利用する食べ物は、チンチラがそのときに喜んでくれるのなら牧草でもチンチラフードでもかまいません。ただし、主食やチンチラフードを異常に制限してチンチラの行動をコントロールすることは、おすすめできません。飢えと喜びを勘違いしないようにしましょう。

ポイント17

飼育のポイント

置き皿よりも給水ボトルがおすすめ

お水がないとチンチラフードが食べられません。お水はいつでも飲めるようにしてあげましょう。

いつでもきれいなお水が飲める給水ボトルがおすすめ

もともとチンチラは飲水量が少ない動物ですが、お水は大切です。

水を飲む方法は、昔は置き皿を使用することも多かったようですが、蹴飛ばしたり足を突っ込んだりして水が汚れたりすることが多く、衛生面の観点からも給水ボトルがおすすめです。

また、チンチラはかじることが大好きなので飲み口がステンレス製で、できればボトル部分が網に直接つかないようなタイプか、かじにくい素材のものやガラス製のボトルだとなお良いでしょう。

置き皿から給水ボトルへの切り替え

販売されていたお店や譲り受けるお宅で、お水を置き皿で飲んでいた若いチンチラの場合、チンチラは、給水ボトルからお水が飲めないことがあります。その場合は、ボトルの先にあるボールを指で転がして水が垂れる様子を見せたり、口元に持っていってあげるのも良いでしょう。本来は、水の匂いで水のありかをつきとめるので、大人になるにつれほとんどのチンチラが自然に飲めるようになります。

ただし、口の中が痛いときはボトルでお水が飲めなくなることがあります。

1日1回は水を交換しよう

給水ボトルのお水は、時間が経てば経つほど腐ります。その上、チンチラが水を飲むたびに、唾液や口の中に残っていた食べかすなどの飲み返しがボトルに入ってしまうので、より腐りやすくなってしまうのです。特に湿度や温度の調整が難しい時期は、より腐りやすくなりますので、頻繁に交換してあげましょう。

給水ボトルから水を飲む

Check! 給水ボトルの注意点

給水ボトルは、どんなに毎日水を交換していても汚れます。定期的に小さいブラシなどを使用して隅々までよく洗ってあげる必要があります。

また、ボトルの先のボールが固まってしまうこともあるので、お水を交換した際には、必ずボールを回してから設置してあげましょう。

もしチンチラフードを残していた場合、お水が飲めていない可能性があります。

また、飲水量は体格や食べているものによってその量に差がありますが、だいたい体重の5%-10%くらいです。あまりに水を飲む場合は、極度のダイエット中か、精神的に不安定、病気も考えられるので、診察も検討したほうが良いでしょう。

また最近では、水道水の塩素やカルキを取り除いたり、お水をおいしくするボトルに入れるスティックも販売されています。

給水ボトルの例

ポイント18

飼育のポイント

プラスチックは要注意、木製品は消耗品

チンチラはかじる習性のある動物です。かじることを前提に飼育用品を選びましょう。

陶器の食器や木やわらのおもちゃを選ぼう

プラスチック製品や布製のものをかじると、細かい破片や綿がお腹の中に、たくさんたまってしまい、腸閉塞などの病気を発症してしまうことがあります。

そのトラブルを防ぐために、食器は陶磁器やステンレス製または強化プラスチックのかじりにくい材質にしたり、おもちゃは木製やわら製、石のおもちゃを選びます。

また、その個体によって性格も異なるので、どんなおもちゃが合っているのかは、楽しみながら探していきましょう。

おもちゃの種類と注意点

おもちゃは、天井から吊るすものや側面に取りつけられるもの、床に転がすものなどがあり、素材もさまざまな種類があります。

チンチラはかじることが大好きなので、早くて数時間から1日、長くて2週間ほどで全部かじってしまったり、壊してしまったりしますが、その時間はとても有意義なものです。特に一人で起きている夜中から明け方の時間帯には、寂しさや退屈をしのげます。

かじったものを食べてしまう傾向がある場合は、最初から食べられるおもちゃを選びましょう。

かじり木やステージ、木箱は消耗品

かじり木やステージ、木箱などは、定期的に廃棄または交換する

楽しそうにまつぼっくりをかじっている

用品として考えます。ケージ内で動きやすくするパーツでもあり、かじり木代わりでもあります。壊れてきたり危険性を感じたりしたときに、すぐに新しいものと交換できるようにストックを用意しておきましょう。

木製品は小動物用に販売されている天然木で作られたものを選びます。人用のものは中にノリや防腐剤防カビ剤などが使用されているものもあり、食べてしまうと危険です。

また、小動物用に売られている木製品でも、中に釘や針を使用しているものは使用を避けましょう。

対策

おもちゃで遊んでむずむずやストレスを和らげよう

チンチラは、すべての歯が一生伸び続けます。特に前歯が伸びる感覚はとてもむずむずすると言われています。そのため、その前歯が伸びる感覚や伸びることの解消のために、かじりやすいものを必死でかじるという習性があるようです。ですが、なにかをかじることで臼歯の摩耗はできません。

またチンチラは、匂いをかぎながら口でかじって物事を判断する傾向もあります。本やかばん、壁紙や電源コードもかじるので散歩をする際などは側に置かないようにするか、カバーをつけたり、隠したりしましょう。

ポイント19

飼育のポイント

過ごしやすい温度は22度前後、湿度は40％以下

チンチラにとって快適な環境作りには温度と湿度の調整が必須です。

野生のチンチラは寒冷乾燥地帯で暮らしていた

野生のチンチラは、湿度がほぼ0％で、ときには氷点下にもなるような寒冷乾燥地帯で暮らしていました。高温多湿な日本でチンチラを飼育するには、温湿度を整えることが絶対条件となります。1日の温度変化が5度以上あると、体調を崩しやすくなります。

地域や気候にもよりますが、通年エアコンで室温を調整し、4月頃からは急な暑さに対応できるようにします。湿度が急激に上がる6～10月は除湿機も併用すると良いでしょう。

冬の寒さ対策

チンチラはその温度が変わらずずっと続くなら比較低温でもどうにか暮らしていけます。人がいる時間帯は25度で、人がいない時間帯は15度のような状態になってしまうとあっという間に調子を崩してしまいます。それでもどんなに寒くても室温は20度前後で温度管理を行いましょう。ペットヒーターを設置し適時微調整することもおすすめします。温かい空気は上へ、冷たい空気は下へ

温湿度計の例

まわりやすいため、高さがあるケージの場合は、温湿度計を高低2カ所に取り付けるといいでしょう。

夏の暑さと湿度対策

チンチラは汗をかかず、耳で体温調整するため、一度体温があがるとすぐに体を冷やすことができません。夏は温度調整はとても難しく、温度を22度前後にキープできても、湿度は40%以下にはなかなかならないものです。湿度があがればあがるほどチンチラは不快感が増します。ドライ運転や除湿機などを併用し、いざというときのためにケージ内に冷感グッズも設置したほうが安全です。

夏場は急な大雨や落雷による停電にも気をつける必要があります。外が暑い日は部屋が涼しくてもチンチラが熱中症になることもあるので、※部屋んぽ時には室温をさらにさげるなどの対応も考えましょう。

エアコン清掃

夏場に酷使するエアコンは一番大事な時期に壊れてしまうことがよくあります。チンチラを飼育し始めると部屋に毛と砂が舞うようになり、通常の運転よりも負荷がかかりやすくなるので、こまめにエアコンのフィルター掃除などを行う必要があります。

エアコンの上に砂をある程度防ぐフィルターを取り付けたり、定期的にプロにエアコン清掃を依頼しましょう。

対策 エアコンと温湿度計は必須

チンチラの飼育にエアコンと温湿度計は欠かせません。

お迎えした環境がもともと何度だったかによって、お迎えすぐの温度設定は慎重に行います。いくら適温といっても、生後半年以下のチンチラは、本来であれば母親とくっついて過ごしている時期なので、快適温度よりもエアコンの設定温度を1～2度上げましょう。

高齢期に入る10歳前後は、より温度差に弱くなるので、温度管理にはより一層配慮が必要になります。

体格が良い、筋肉や毛の量が多い、長毛種などは暑がりになることが多いので、設定温度を1～2度低くするように心がけるといいでしょう。

※「部屋んぽ」とは室内散歩のことです。

ポイント20

飼育のポイント

毛玉を作らないようにする方法

毛玉はチンチラにとってストレスの原因になります。毛玉ができにくい飼育の仕方を知りましょう。

毛玉はチンチラにとってストレス

根元から抜けた毛がほかの毛と絡まり、それが集まって毛玉ができ上がります。毛玉ができると皮膚を引っ張られた状態になるので、チンチラにとってはあまりいい状態ではありません。体を触らせてくれなくなったり、イライラしたり、自ら毛をむしるようになってしまう場合もあります。また毛玉ができると風通しが悪くなり、さらに毛玉ができたり、体が蒸れたり、皮膚病になりやすくなります。

毛玉にさせない生活の仕方

温湿度を一定にすることです。不安定な室温と湿度の上昇が一番の毛玉の原因です。室温はチンチラの毛質や毛量によって決まりますが、もし毛玉が多くできるようなら、温湿度の見直しが必要です。

また砂浴びが上手にできていなくても毛玉ができやすくなります。体の汚れや抜け毛、余計な油が取り切れていないと、毛が絡みやすくなります。砂浴びの砂をより細かいものに変えてみる、毎日砂を交換する、砂浴びしやすい容器を検討するなど、砂浴びの環境の見直しも行ってみましょう。また、抜け毛が多いときは、お尻から頭の方に向かって、逆毛に毛をなでて中の抜け毛を浮かせてあげてから砂浴びをすると、抜け毛がたまりにくくなります。

自宅でできるグルーミング

まず、チンチラを抱き上げて、椅子か床に座ります。

毛玉ケアを開始する前にグルーミング用のスプレーなどを毛に軽く塗布して、まずは、手で優しくチンチラの体全体を撫でながら、手櫛で抜け毛を回収します。

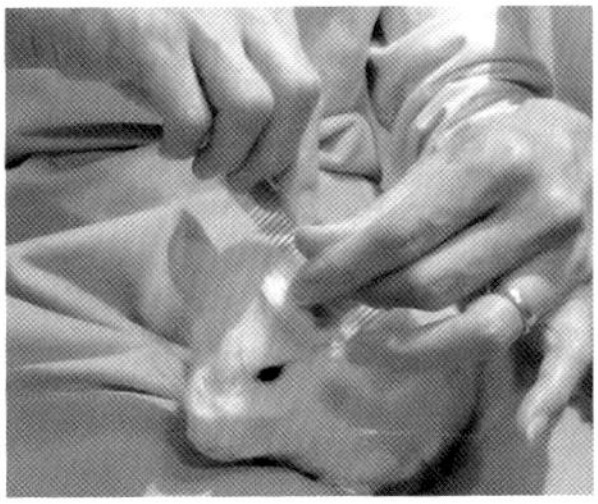
手櫛で抜け毛をとる

このときに、毛玉を見つけたら、根元を少し抑えながらゆっくり抜いてみましょう。

手で毛玉を取るのが難しい場合は、まずはスリッカーブラシなどでほぐしていきます。もしどうしてもほぐせないような大きな毛玉ができていたり、毛がフェルト状になってしまった場合は、危なくないようにハサミで毛玉をカットします。ただし、とても技術がいる作業なので、2人がかりで行うか、専門家か動物病院にお願いしましょう。

毛玉をある程度取り終えたら、抜け毛を回収する用のブラシを使って優しくブラッシングします。

おしりのブラッシングを嫌がる子も多いので、背中から開始して特におしりは優しくブラッシングするようにしてください。

最後に、大丈夫な子はコームを使って毛並みを整えましょう。

対策 ブラッシングは必要不可欠ではない

日頃の温度管理やケアが行き届いていればたいていのチンチラはブラッシングは必要ありません。それでも毛質や毛量で、どうしても毛玉ができてしまうチンチラもいます。また、人の手は温かい上に油がとても多いので、飼い主と仲が良すぎる場合は、飼い主が触りすぎることによって、チンチラの毛がしっとりしがちになって、毛玉ができやすくなったり、毛艶や毛質が悪くなったりします。その都度しっかり砂浴びをさせてあげましょう。暑くなってきたら毛を抜こう、寒くなってきたら毛を生やそうと本能が働くのです。

換毛期対策として一番良いのは、1年を通して同じ温度と湿度を保つことです。そうすれば、チンチラの体温も安定し、換毛期のストレスも減ります。

ポイント21

飼育のポイント

砂浴びは健康維持に欠かせない

砂浴びはチンチラの心身の健康管理に必要不可欠な習慣であることを知っておきましょう。

砂浴びは1日1回以上必要

寒冷乾燥地帯で暮らしていたチンチラは、異常な乾燥から皮膚を守るためにラノリンという油分を分泌する体の仕組みが備わりました。砂浴びをすることで、余分な脂を落としつつ、全身のケアをしていたのです。

砂浴びは人間でいうお風呂のような役割を果たし、体の汚れや抜け毛、余分な脂を落とし、皮膚や被毛を清潔に保ちます。そしてなにより精神的に気持ちいいという効果があります。

健康維持のためにも、砂浴びは1日1回以上必ずさせてあげましょう。

砂浴びの時間や量

砂浴びは1回につき1~10分ほど行います。性格や体格、毛の質によって砂浴びの時間ややり方は変わってきます。

砂浴び容器の大きさにもよりますが、あまり多めに入れてしまうと、中におしっこをするようになってしまうので、洗濯洗剤スプーンのようなもので2~3杯が適当です。

砂浴びしている

たくさん入れて1週間同じ砂を使うより、毎日少量の新しい砂を使用する方が確実に体はきれいになります。

砂浴び容器は体のサイズに合ったものを

チンチラの体の大きさに合わせて十分に回れる大きさのものを選びます。ハウスとして兼用できるものや陶器製のものがおすすめです。ガラスの容器は回っている姿がよく見えます。

また、砂浴び中、容器から砂がもれてくるので、深めの容器がおすすめです。それでも、容器から出て体をふるいますので、周囲には砂が舞います。

砂は細かさが大事

チンチラの体は冷気を通さないようにたくさんの毛で体の表面を覆っています。そのため、皮膚の洗浄も兼ねている砂浴びを行う際に使用する砂は、なめらかで非常に細かいものでなければなかなか毛の中に入っていきません。必ずチンチラ専用の砂を使用し、体の特徴に合わせて、砂を選びましょう。使い慣れた砂から他のメーカーの種類に替える場合は、少しずつ混ぜながら替えていきます。砂質はチンチラの健康維持や生活の質に影響します。

細かい砂

Check!

固まる砂は絶対に使用不可

砂選びで特に注意したいことは、チンチラは砂浴び中に砂を食べてしまったり目や鼻に入ってしまったりすることもあります。ハムスター用の砂やトイレ用の固まる砂、原材料が不明な砂は絶対に使用しないようにしましょう。

また、砂がチンチラの目に入り手や足でこすったことにより、目に傷をつけたり結膜炎になることがあります。

目に異常が起きた場合は、砂浴びを中止して動物病院で診察してもらいましょう。

チンチラは複数同居などで砂浴びの容器が共同で、誰かが感染症や皮膚病を患ってしまった場合は、病気がうつる可能性があるので、それぞれ別の砂浴び容器を使用しましょう。

ポイント22

飼育のポイント

体のチェックは毎日行おう

飼い主にとって見る触るなどの体のチェックは大切な日課です。毎日怠ることなく行いましょう。

食欲に異常がないかを確認

食欲は一番大切な健康のバロメーターです。いつも通り食べるか、食べ方がおかしくないか、食べたくてもうまく食べられないようなしぐさをしないか、牧草やチンチラフードの残しがないか、偏食してないか、よく観察します。また、毎日だいたい同じ時間に同じ量の水を給水して、飲水量の確認をしましょう。

チンチラの外観の変化を観察

目がパッチリと開き、澄んでいるか、目やにが出たり涙目になっていないか、鼻水が出ていないか、よだれは出ていないか、呼吸は荒くないかなどを確認しましょう。

また、毛並みや毛艶はいいか、脱毛していないか、足を引きずっていないかなど外観もしっかり観察して日々のチェックに役立てましょう。

排泄物をチェック

排泄物も体の不調を訴える大事な方法です。排泄物のチェックは必ず毎日行います。いつもよりフンが小さくないか、量が少なくないか、軟便や下痢ではないか、尿に血が混ざっていないか、異常な匂いがしないか、排便時・排尿時に痛がっていないかなど、しっかり確認しましょう。

定期的な体重測定

体重測定は必ずしも毎日行う必要はありませんが、定期的に測定して記録をつけていると月や年間の傾向が見えてきます。また部屋んぽ中に体重計に乗ることを遊びの一環として教えてあげるとお互いに体重測定に抵抗がなくなります。チンチラは見た目がふわふわで体の形がわかりにくいので、定期検診でガリガリに気づいた、病気だったということがあります。

食餌の量が変わらないのに体重が減る、体重がどんどん増えるなどは、病気の可能性もあります。

記録表の例

日付　令和●年■月▲日

Name：

本日の体重：　　　　g

本日遊ばせた時間：午後●時～午後●時

	主なチェック項目	種　類	量（g）
食べ物	主に与えたもの		g
			g
	おやつ		g
健康状態	様　子	元気・元気がない	
	糞の状態	正常・異常	
	気になること		

対策

毎日の観察が大切

チンチラの食欲、排泄、体の状態を毎日記録していると、いつ頃から体調が悪くなったのかなどを飼い主が自分で見返すことができ、体調管理に役立ちます。

また、診察時に記録を見せれば、病気の兆候や原因に獣医師が気づきやすくなり治療方針をたてやすくなる場合もあります。

記録をつける癖がつくと、必然的によく観察するようにもなります。病気や症状を隠す上に、病気の解明や治療方法が確立されていないチンチラは、早期発見早期治療で命を救えることが大いにあるのです。

触りながら体の状態を確認

飼育のポイント

生後3ヵ月頃から自立心が表れる

生後3ヵ月頃から自我が芽生え、意思を持って行動するようになります。

赤ちゃんはほぼミニチュアで生まれてくる

チンチラの赤ちゃんはとても小さく体重40g～70gくらいで生まれてきます。目も開き、毛も生えそろい、歯もほぼ生えています。生まれてからすぐに歩くことができ、お乳を飲み始めます。

生まれてしばらくはミルクしか飲まないため、お乳の出が悪いとなかなか成長できません。

生後1～8週間

生まれてきたサイズでその後の成長はかなり差がありますが、だいたい生後10日ほどで牧草やペレットなどの固形物を口にするようになります。それでも母乳が主食です。成長とともにその比率が変わり、生後6週間を過ぎるとお乳を飲む量がかなり減ってきます。その頃から徐々に離乳の時期にはなりますが、体重や精神状態によっては生後2～3ヵ月までは母親と一緒にいさせるほうが良いでしょう。

ただし、成熟の早いオスは、生

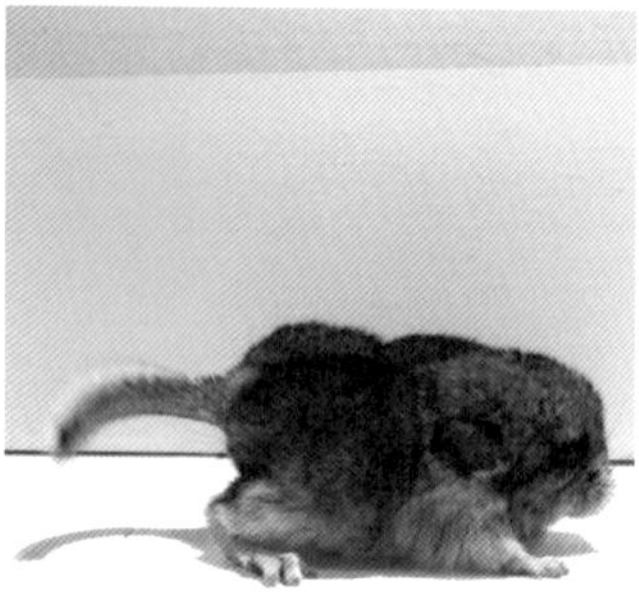
赤ちゃんチンチラ

後2ヵ月ほどで睾丸ができあがってきます。そのときは、母親と離します。生後2～3ヵ月に自立するための体の免疫の移行が始まるため、体調が不安定になりやすい時期でもあります。

生後3ヵ月～1歳

生後3ヵ月頃から自我が芽生えるため、自分の主張をするようになります。「～がしたい」と気持ちが強くなります。成長にもよりますが、生後1歳でだいたい中学生くらいの時期、いわゆる思春期に該当します。

ほとんどのチンチラがこの時期に性成熟をとげて、誰かを好きになったり敵対心を持ったりと感情豊かに育ちます。

Check! 日常の正確な健康記録管理

チンチラと長くお付き合いするためには、飼い主がその子の健康状態を絶えずチェックして、食餌内容や体重など、いつもと変わりはないかといった健康管理に努めることの大切さは言うまでもありません。

しかし、そうした管理は飼い主の経験上の勘であったり、簡単なメモ、個人の記憶に任されていることが多いのではないでしょうか。いざ病院へ行くときも、いつからどんな変化がどのくらいあったのかを正確に伝えられないと、正しい診断ができないこともあります。

また、ペットホテルや知人に預けるとき、もしものとき…に、飼い主がその子のことを伝えなければならない場面に遭遇した際、正確な記録がないと困ることも多々あるでしょう。

その子専用のノート、アプリなどを使って、普段から正確な記録をつけることは飼育においてとても大事なことです。

例としてチンチラの成長を見守るために開発された専用アプリもあります。

このアプリでは、いつでもどこでも簡単に日常の記録をつけることができ、飼育しているチンチラの詳細情報（写真、誕生日、出生地、お迎え日、去勢／避妊の有無、性格や特徴、ふだんの食餌メモなど）を「うちの子カード」としてPDFファイルでダウンロードすることも可能です。

愛するチンチラのために、いつでも正確な情報を迅速に伝えられるよう、曖昧な記憶ではなく、正確な記録の習慣づくりを。

内容例紹介

トップのメニュー画面

出典：チンチラ専用健康記録管理Webアプリ『Chilla-Care』（チラケア）／一般社団法人日本チンチラ協会

※チラケアは一般社団法人日本チンチラ協会 会員専用のサービスです。

飼育のポイント

1歳~5歳までの青年期、メスのはじめての妊娠は1~2歳

1歳未満の成長期の妊娠、出産は避けましょう。

1~2歳がメスの妊娠適齢期

メスのチンチラの性成熟は生後4~8ヵ月です。

それでも1歳までは自分の体が成長する時期なので、性成熟=妊娠可能ではありません。チンチラの妊娠出産は、ただでさえとてもハードですから、成長期に行ってしまうと、体にとても負担がかかります。体ができ上がる1~2歳が初産の適齢期です。

3歳以降で心も体も大人に

チンチラは2~3歳まで体の微調整が行われます。肉付きが良くなったり、毛量が増えたり、顔つきが変わったりします。人間でいう高校生、大学生の頃で、やんちゃ盛りの思春期をすぎ、考えて行動するようになります。3歳以降でやっと精神的にも肉体的にも大人になり、意思の疎通がしやすい時期に入ります。5歳以降になるとコミュニケーション能力も上がり、だいぶ落ちついて来るようになります。

3~5歳は、チンチラの働き盛りの時期で、群れの中心になる年齢層です。仲間のためにえさを探したり、誰かの代わりに子育てをしたり、群れを守るために働く世代にあたるため、この頃から飼い主の行動をとても気にするようになります。

ポイント 25

飼育のポイント

6歳～8歳までの壮年期、7歳頃に体の変化が始まる!?

チンチラの平均寿命は10～15歳。9歳前後から老年期に入っていきます。

青年から中年の時期は年齢がわかりづらい

チンチラは知能も運動能力も優れているため、体ができ上がってしまうと、年齢がわかりにくくなります。このくらいの年齢層で誕生日がわからない状態で譲り受けた場合、陰部や足の裏の様子で、大まかな年齢を判断するときもありますが、個体差があり年齢の判断がつきません。ある意味いつまでも若々しい動物です。

7歳で体の変化が始まる子も

7歳になると、この時期から嗅覚、視覚などの五感や行動が鈍くなる、足腰の強さに変化現れるなどの体の曲がり角に入ってきます。

そして、徐々に体の変化は進み9歳頃から高齢期の準備が必要となります。体の衰えがあらわれますので、必要に応じてケージのレイアウトや健康管理、食餌の見直しを行いましょう。

奇数年は要注意

3歳、5歳、7歳、9歳と、奇数年の年齢は体の曲がり角であると言われています。この年の誕生日付近にはより細かく検診を受けたり、身辺の急激な変化は避けた方が無難です。9歳は、高齢期の準備に入るため、生死をさまよう体調不良を起こすことがあります。「もうすぐ10歳だ!」と油断で観察を怠らないよう気をつけましょう。

ポイント
26

飼育のポイント

10歳以降の老年期は今まで以上に温度管理や落下事故などに気をつけよう

老年期では温度変化への体の適応力や運動能力が低下するため、より注意が必要です。

1日や毎日の温度差に十分気をつけよう

高齢になると若いときのように冬の寒さや夏の暑さに体がうまく対応できなくなってしまいます。

特に温湿度の変化で心身にストレスがかかりやすくなり、免疫力に強い影響を及ぼします。免疫力が下がると病気にもかかりやすくなってしまうので今まで以上に温度管理に注意を払いましょう。

五感や運動能力がグッと落ち、動きが鈍くなることも

ケージ内の段差を減らして低くしたり、落ちてケガをしないように、レイアウトを見直したり、足腰に優しい素材の敷材などで工夫をしましょう。また、老化は個体差が激しいため、チンチラの個性に合わせて、できるだけストレスを軽減できるようなシニアライフが送れるように、しっかりとサポートしてあげましょう。

食餌の見直しも

何歳になっても足腰も歯も元気な高齢チンチラもいますが、たいていは高齢になると筋肉や歯根が老化し噛む力が弱くなってきます。そのため牧草の茎の部分を多く残すようになったり、牧草自体を食べなくなったりするようになります。食べられる部位や固すぎない

牧草なども試すのも良いでしょう。

また負担なく咀嚼回数が増えるような牧草ペレットやほぐれやすいフードなども利用し、食べることがしんどくないような工夫も必要です。

超高齢になって、牧草やチンチラフードをまったく食べられなくなった場合は、粉末のフードを水でといた流動食を与える方法もあります。

1日1日が新しい日と思おう

超高齢期に入ると、温湿度の変化だけでなく、飼い主や世の中のちょっとした変化に敏感になります。適応力が弱くなってくるので「いつもと違う」ということに順応できなくなってしまうのです。心も体も、昨日大丈夫でも、今日はうまくいかなかった、ということが多くなります。逆に、昨日はできなかったけど、今日はできた、ということもあるかもしれません。

見えない老化によって日々落ちていく体の機能は、その日の気候や睡眠や栄養などによって、うまくできたりできなかったりします。「昨日はできたのに」と思わずに、毎日が新しい日と思って、その日の状態を見逃さずに観察して寄り添ってあげましょう。

日本でも20歳以上生きるチンチラが増えてきた

日本では、チンチラの飼育が一般的になってから実はまだ数十年しか経っていません。飼育者が増えた時代からは、20年も経っていなかったため、長寿な動物であるという認識もありませんでした。

しかし、SNSがさかんになってきたことで、15歳以上のチンチラと暮らす飼い主の投稿を目にするようになりました。「ペットショップで寿命は7歳って言われたのに」という飼い始めも多かったようです。

そして、2014年に「29歳29日」まで生きたチンチラがギネスに登録されたことで、一気に「チンチラは長生き」と社会的に認知されました。

こんなにも高温多湿な日本で、チンチラが長生きできるようになったのは、まずは、飼い主のチンチラへの愛情の深さでしょう。

コラム 2

長年チンチラの飼育研究に携わりたくさんのチンチラ飼育者の相談や取材を行なってきた鈴木理恵さんにお話を伺いました。

病気にさせない長生きの秘訣

チンチラに限らず、動物全般に言えることですが、お迎えしたその動物に適した温度、湿度、飼育環境は衛生的に保ち、お世話や部屋んぽなどのコミュニケーションの時間を毎日欠かさず持つことが心身の安定をもたらします。心身の安定は「病気」を遠ざけ、結果的に「長生き」につながっていきます。仕事上、さまざまな年齢のチンチラさんと暮らしている飼い主さんとお話の機会をもたせていただくことが多く、元気に長生きしているチンチラさんの生活の秘訣についてたずねるとみなさん口を揃えて「毎日変わらない日々を過ごすことかな」と答えてくれます。

小さな動物たちは、常に捕食される恐怖を抱えて暮らしているため、大きな刺激を好まず、「今日もいつもと変わらなかった!」という毎日を求めます。そのため、不規則な生活は本能的に不安を誘い、情緒不安定な状態にしやすくなります。情緒が安定しなくなると、自律神経が乱れ、心と体の免疫力が落ちやすくなります。特にチンチラは、自律神経が胃腸に直結しています。胃腸の乱れは、たくさんの病気を呼ぶ可能性が高くなってしまうのです。

また、それと同時に飼い主さんの影響を受けやすいのもチンチラの特徴です。仕事が忙しくバタバタしている、帰りが遅く在宅時間がとても短い、プライベートが落ち着かない、疲れている、イライラしている、不安がある、悲しんでいるなど、飼い主さんの心身状態にリンクしてしまうことも大いにあります。そのため、飼い主さん自身が、安定した生活を送る、精神的に不安定にならない、チンチラとの日課をさぼらない、チンチラとの約束は守る、大切に思っている気持ちを毎日伝えるなどのコミュニケーションを欠かさないことが、チンチラ飼育にとってはとても大事なことだと考えます。

第3章

飼い方・住む環境を見直そう

～飼い方・住む環境を見直すポイント～

ポイント27

飼い方・住む環境の見直し

仲良くなるためには恐怖心を植え付けないことが大事

チンチラの気持ちを考えて無理のないコミュニケーションを心がけましょう。

無理に慣らそうとしない

よく動いて楽しそうに見えるチンチラでも、お引っ越しから数日はとても緊張しています。

そして、飼育し始めてから1ヵ月くらいで新しい環境や飼い主に慣れたというチンチラもいれば、飼い始めてから時間が経つのに、まだ緊張しているという子もいるでしょう。それはいわゆる個体差のため、チンチラのペースに合わせて待ってあげましょう。

また、飼い主がチンチラに対して大きな声を出したり怒鳴ったりすると恐怖心を植えつけてしまうので、できるだけ優しく声をかけます。

たくさん名前を呼んで、毎日の挨拶、日常会話など、声をだして話しかけてあげます。そしてチンチラが余計な不安を持たないようにケージ内もいつもきれいにしてあげましょう。

心を許してくれるまで根気強く待とう

声もかけずに急にさわったり、上部や背後から追いかけたり、不安定な方法で無理やり抱き上げたりするとチンチラが怖がって警戒心を抱いてしまいます。チンチラのそばで大きな声や物音を出したりしないようにしましょう。日課を決めてそれを守り、愛情を持って接していれば、信頼関係を築くことが必ずできます。

個性を理解してチンチラと仲良くなろう

人間の性格や性質が十人十色のように、チンチラも100匹100様です。全く同じチンチラは1匹もいないでしょう。そのため、セオリー通りに同じ様に接しても、その反応も100通りなのです。それでも、たくさん名前を呼び続けていると、必ず名前を覚えます。毎日よく観察していると、鳴き声やボディランゲージで何を伝えているのか、理解できるようになります。ただし、欲求に従うだけだとわがままになってしまうので、どうやって一緒に過ごすかを決めたら、それをお互いに守っていける関係を目指しましょう。

抱き上げて体をチェックしよう

ケージの中で手に乗ってくるようになったら、優しく抱き上げてあげましょう。外に出たい気持ちを上手に利用して、両手と胸で受け止めて、抱っこの練習をしてみましょう。抱っこができるようになると、体の異変を発見しやすくなります。（ポイント28参照）

対策 ケージの外で散歩させる際の注意点

チンチラが人や環境に慣れてきて、外に出たがるようなそぶりを始めたらケージの外で散歩をします。

最初のうちは、サークルなどを作って狭い範囲内に区切り、飼い主が中に一緒に入ります。世界空間では飼い主の体をアスレチックにして遊ぶため、コミュニケーションがとりやすくなります。

ただし、チンチラは70cmほどの高さは簡単に飛び越えてしまうので、低い柵や網目の大きいサークルなどは脱走してしまいます。散歩中は柵の高さや材質を工夫し、目を離さずに一緒に遊びましょう。

ケージの外で散歩するチンチラ

ポイント28

飼い方・住む環境の見直し

仲良くなれる上手な抱き上げ方を習得しよう

飼い主との良い関係を保つ抱っことは、チンチラを不安にさせないことです。

上手な抱き上げ方を覚えよう

チンチラはもともとは抱っこが苦手です。なぜなら野生時には自らの意志と反して体が宙に浮くことは「捕食される」ことを意味したからです。それでも飼育下のチンチラは、抱っこによって体のチェックをしたり、きれいにしたり、投薬をしたり、チンチラの健康を守るために必要な場面が多々あるため、上手な抱っこを覚えておくといざというときに困りません。

目線を合わせて向かい合う

まずは日々少しずつ体に触れることに慣れさせておくことが大事です。無理矢理さわることは絶対にやめましょう。食べ物を手のひらの上であげることで、怖がらないように練習していきます。まずはチンチラの目線に合わせて向かい合い、声をかけてこちらの存在を知らせ、このときに、両手で優しく足からすくうようにするのがコツです。

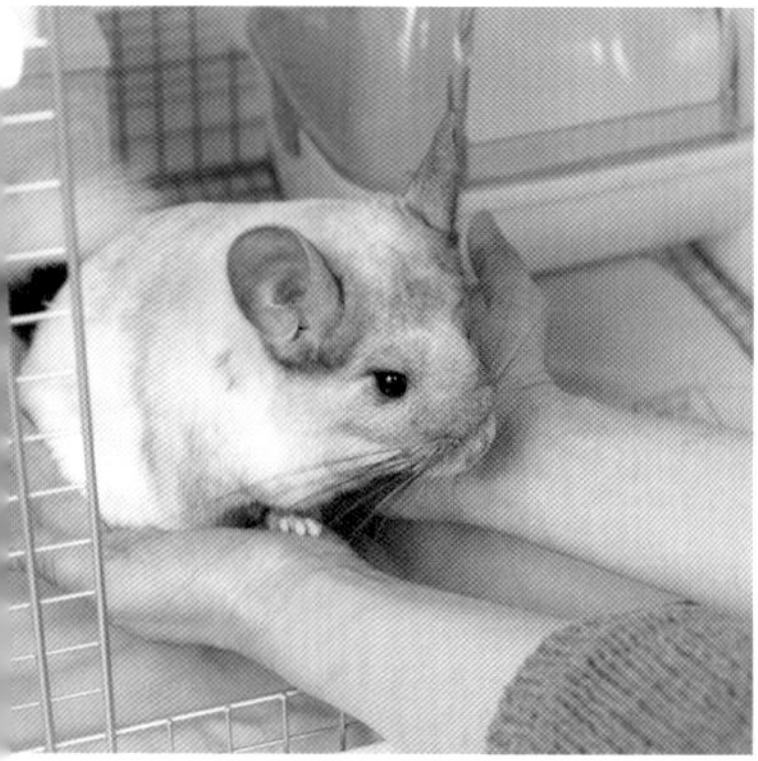

チンチラと目線を合わせて
両手で優しくすくう

安定した状態で抱き上げよう

チンチラは足の裏が不安定になることを怖がります。チンチラをすくい上げたらすかさず足を片手の上に置きます。もう片方の手で胸から前足の付け根を支え、チンチラの体を自分の胸に軽く押し当てます。

足が不安定になるとチンチラが暴れます。落下すると怪我や骨折をすることもあるので、万が一暴れた場合は手を離さず体全体でチンチラを包んで落とさないように守りましょう。

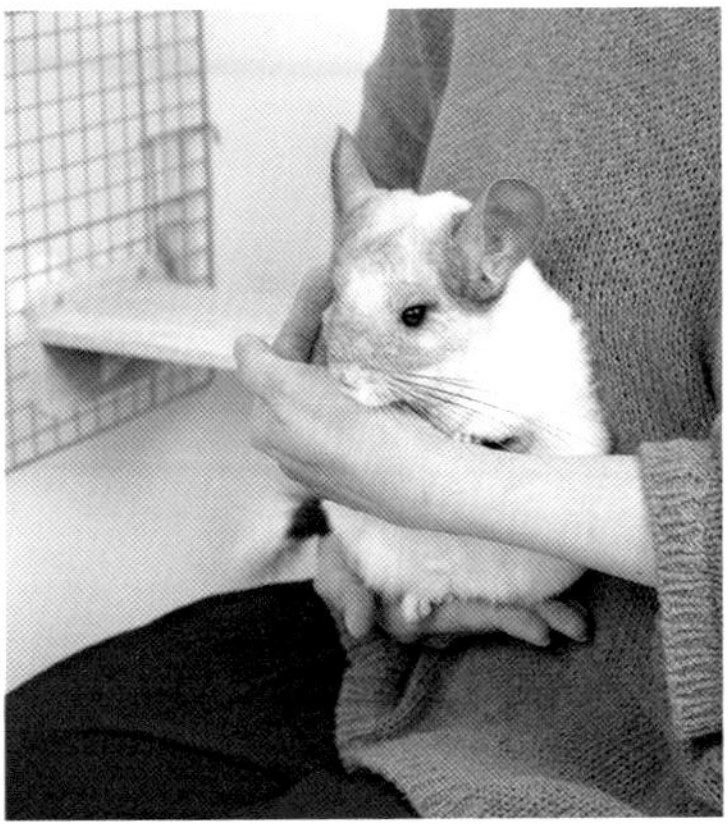

優しく抱き上げる

抱き上げるときの注意点

チンチラは敵から逃れるために、衝撃で毛が抜けるという体の仕組みになっています。

そのため、部分的に強い力や衝撃が加わると毛がごそっと抜けてしまうことがあります。また強く握りすぎると、あばらを折ったり内臓を圧迫してしまいます。

被毛が生えそろうのには数ヵ月かかる場合もあるので、くれぐれもチンチラを無理につかんだり驚かせたりしないようにしましょう。

Check!

チンチラがケージから出るのを怖がる場合は

ケージから出て来ることを怖がる場合は、まずはケージから出す練習を始めましょう。

このときにケージの入り口を開けておいて自由に出られる状態にしてしまうと、触れなくなってしまう場合もあるので注意しましょう。

飼い主がケージの前に座った状態で抱き上げるときは、ケージの前でチンチラが自発的に出て来るのを待ちます。

食餌を手であげるなどして、手に乗ってくる練習をしてみましょう。

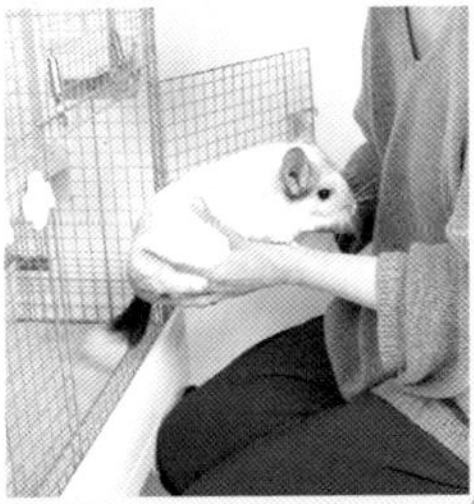

自発的に出て来るのを待つ

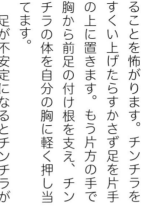

飼い方・住む環境の見直し

ケージ掃除は、小動物用の安全な用品を使用しよう

病気から守るためにも、定期的にケージの清掃を行い、生活環境を清潔に保ちましょう。

毎日行う掃除

ハンモックや巣箱内、ステップ内にあるフンを小さいほうき等で掃いて下に落とし、汚れがある場所は小動物用お掃除スプレー等で汚れをとります。

排尿することが多いケージの角のおしっこだまりや下網やすのこが臭いや錆びの原因になりやすいので、ふいたり洗ったりいてきれいにしましょう。最後にケージの一番下にあるトレーの中身を捨てます。

数日ごとの掃除

定期的な洗浄日を決めて、給水ボトルや食器、おもちゃ、ステップの洗浄を行いましょう。もちろん汚れたときはその都度きれいにします。

床にチップや牧草を敷いている場合は、汚れたところはその都度交換し、数日に1回はすべて新しいものに交換しましょう。

ケージや下網の洗浄

パーツが取り外せるケージは、汚れに気づいたときにパーツごとに洗浄します。下網が引き出せるタイプのケージは、1週間に1度丸洗いしておくと汚れや錆がつきづらいです。網は濡れたまま放置するとさびやすいので洗浄後はすぐに水気をふき取りましょう。
　チンチラはステップをたくさん設置するため、外したり付けたりと、ケージ全体の網の掃除はとても時間がかかります。できるだけ掃除しやすいケージを選びましょう。

ケージの掃除の流れ

1

ステップなどに落ちているフンや砂や牧草等を落とす。えさ入れ、牧草入れなども汚れていないかチェック。

2
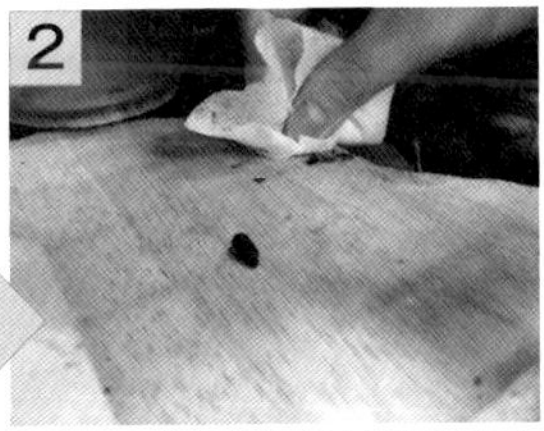
汚れていたら汚れ取り用のスプレー等を吹きかけふき取る。汚れがひどい場合は外して洗う。

3

落ちている牧草やフンを捨て、すのこやマット等は洗う。使用用品に危ない場所がないかも点検する。

4
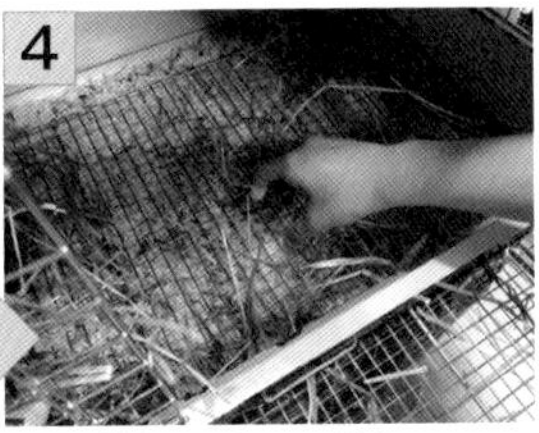
下網が外せるものは外してコーナーやフチの汚れ、網の錆等をチェック。

5

下網を元に戻し、落ちている牧草を拾いながら網を全面ふいてきれいにする。

6
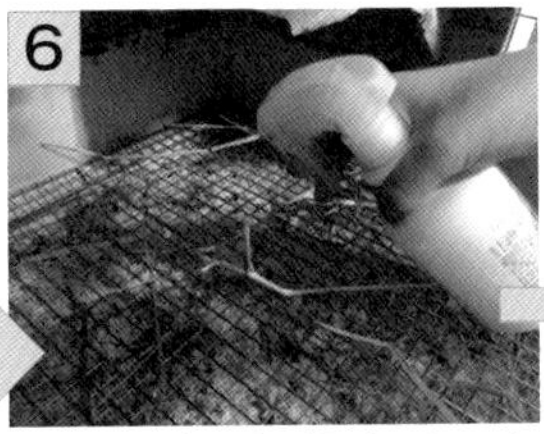
特に汚れがひどい場所は念入りにスプレーをたっぷりかけたりブラシでこすり、しっかりと水分をふき取る。

7

チップを使用している場合は、汚れている部分をすくい取る。または中身をすべて捨てて敷き直す。小動物用シーツ類の場合は交換する。

Check! 掃除の際に注意したいポイント

　洗剤はチンチラの安全のためにも、自然素材100%のものを薄めて使用することをおすすめします。ステップ等についたチンチラのフンの汚れは、お湯を使うと比較的簡単に落とせます。
　給水ボトルは溝がたくさんあり、水アカやコケがつきやすいので、小さなブラシなどでしっかりと洗います。えさ入れは、わからない程度に中におしっこをしている場合があります。牧草入れも同じです。底までよく確認してきれいにしましょう。食べ物におしっこがかかるとあっという間に腐敗し、バイ菌や虫が繁殖しやすくなります。深夜にチンチラが動き回って、ケージの外にも糞尿が飛び散ることがあるので、ケージの周りにはできるだけものを置かない方が良いでしょう。

ドアや窓、ＴＶの近くにはケージを置かないようにしよう

快適に暮らしてもらうためには、ケージの置き場にも注意しましょう。

窓際には置かないようにしよう

ケージはチンチラが安心して暮らせる場所に置きましょう。

窓際は直射日光があたり、場合によっては遮光カーテンを付けていてもケージ内が熱くなってしまいます。

また、外からの風や冷気、暖気が入りやすく、気候によってケージ内の温度差が激しくなり、体調を崩しやすくなります。

人の出入りが多い場所やＴＶの近くは避ける

人の出入りが多く落ち着かない玄関や部屋の入り口や窓付近、部屋の真ん中、騒がしい音がするＴＶ、稼働している電化製品の近くにはケージを置かないようにしましょう。

また、エアコンの送風が直接当たる場所も体温調整が難しくなるので避けます。

キッチンの側も調理をすると湿気が高くなったり、温度が不安定です。物音もうるさくなりがちなので、置かないようにしましょう。

床から少し高くした場所に置く方が安全

床は思っている以上に気温の寒暖差があり、歩いたときに埃が舞い上がって振動も響きます。床上20 cmほどのところを常に風が通っています。

キャスター付きの台等を使用し床から20cm～30cmの場所にケージを置く方が寒暖差を防げます。

部屋の隅に置くのも避けよう

家具などの配置上、部屋の隅にケージを置くことを選ぶ方も多いかもしれません。

しかし、部屋の隅は風通しや空気の循環が悪く、湿気もこもりやすいです。どうしても隅に置かなければならない場合は、せめて20cmほど壁から離しましょう。サーキュレーターを使って空気を循環させることをおすすめします。

ケージを置くのにNGな場所

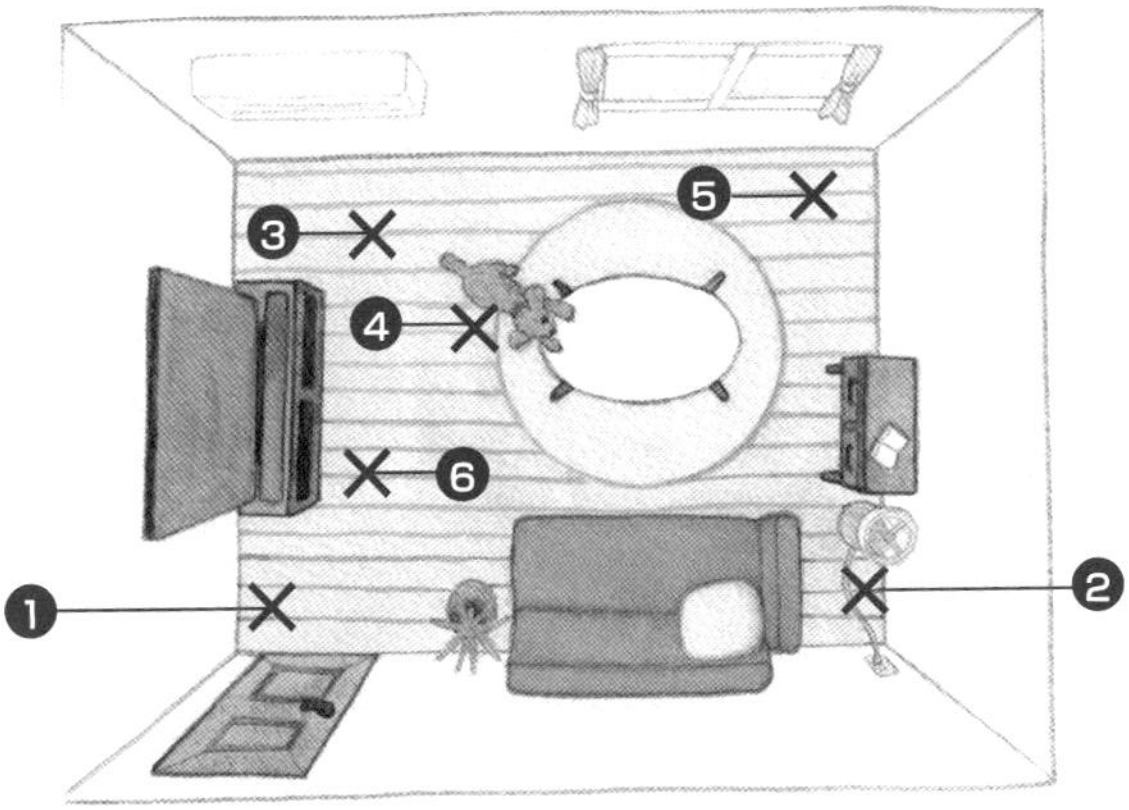

①部屋の出入り口などの人の出入りが頻繁なところ

②コンセントがケージに接触したり、ケージがコードを踏んでしまうところ

③エアコンの送風が直接当たるところ

④ほかの動物と一緒の部屋

⑤日光が直接当たるところ

⑥テレビや音楽プレーヤーなど音がうるさいところ

Check! その他、覚えておきたい避けるべき場所

日中は寝ています。ケージの天井の上が、部屋の照明で昼間もつけっぱなしになってしまう場合は、落ち着きません。ケージになにかかけてあげるか、照明の真下を避けます。また壁側でないところに置く場合は、全方向から丸見えになってしまうと落ち着かなくなってしまうので、背面や側面をかじりにくい素材のもので隠してあげた方が良いでしょう。そのほかにも、相性が悪いチンチラの近くや犬、猫、フェレットや、日中音をたてる動物の周辺にケージを置くことも避けます。また、音の出る電化製品の近くにも置かないようにしてください。またその部屋の鬼門になる場所が必ずあるので、設置後もチンチラの調子が悪くならないかよく観察しましょう。

ポイント31

お留守番

飼い主が一時的にお世話ができなくなったときの対処法

旅行、出張、入院、避難など、飼い主が、なにかの事情で数日世話ができないとき、どうするかを考えておきましょう。

留守番は1泊が限界

真夏や真冬でない季節の良いときでも、1泊が限界です。特に夏場は留守中に停電などによる電気系統のダウンがいつ起こるか予想できないものです。もし1日家をあける際には、いざというときにはだれかかけつけてくれるような手配が必要です。それでも万が一、1泊家をあける場合は、予定日数分より多めの牧草と固形牧草などを用意し、給水ボトルは複数取り付けておきましょう。

ケージの扉類にはすべてナスカンを付け、日頃から脱走する隙間がないか、ケガをしそうな場所がないかをよく確認しておいてください。

多めの主食（チモシーなどの牧草）が必要

ペットホテルや動物病院に預ける

ペットホテルや動物病院に預ける方法もあります。

まず、事前にチンチラを預かってもらえるか、予約したい日が空いているかなどを確認します。

そして、預けるときに食餌は、交通事情で帰れなくなる場合も想定して、日数分プラス2日分くらい用意するほうが良いでしょう。

日にちを書いて小分けしておきます。預ける際には注意点などを必ず紙に書いて担当の人に説明して渡しましょう。

もしも、チンチラが緊張しやすい性質だったり、体調に不安がある場合は動物病院の方が安全です。

ペットシッターに来てもらう

自宅でチンチラのお世話をしてくれるペットシッターにお願いするという方法もあります。

事前に世話の仕方やチンチラの性格などをしっかり伝えて、打ち合わせをしてください。できれば外泊する前に一度在宅時にお世話を頼んでみる方が良いです。

また、ペットホテルと同様に、急なキャンセルはキャンセル料金が発生することもあるので、契約内容をきちんと確認しておきましょう。

家族や友人にお願いする

家族や友人に家に自宅に来てもらって、世話をお願いする方法やそのお宅に預かってもらうという手段もあります。

その場合はチンチラに適した温湿度管理が可能か、チンチラが怖がるような動物を飼育していないかを事前に確認します。もし問題なく預かってくれるようなら、食餌の量、1日の過ごし方、掃除の仕方、万が一体調不良になったときの対処、注意したいことなどを書いたメモを渡し、口頭で説明してからお願いしましょう。

対策

いざというときのために経験値を上げておこう

飼い主が不在になる状態は、旅行や出張だけではありません。最近は飼い主だけで事故や災害に巻き込まれるケースも少なくありません。急な病気や感染症で入院することもあります。飼い主がいない不安は、飼い主が思っている以上に大きいものです。そのため、その不安から、留守中の事故や体調不良は非常に多いのです。一度も離れたことがなく、急な海外旅行や入院などで長期間留守をしてしまうと、想像以上の不安にかられ、食餌を全くとらなくなってしまうことはよくあります。定期的に検診を受けたり、友人に遊びにきてもらうなどで外出や他人との接触の機会を増やし、経験値を上げておくと、いざというときに必要以上のストレスがかかりにくくなります。

ポイント32

四季に合わせた環境づくり

春は気温の寒暖差に気をつけよう

1日の温度差が5度以上になる時期は要注意。

春は気温の寒暖差に気をつけよう

春は日中はポカポカと暖かいですが、夜はまだまだ冷え込んで寒く、昼夜の気温に寒暖差がある時期です。

人間の体感ではとても暖かくなったように感じますが、まだまだ底冷えは残り寒い時期です。特に幼齢、高齢、闘病中などのチンチラは温度管理の注意が必要です。

野草のシーズン

春から夏にかけて野草のシーズンが訪れます。

この時期、庭やベランダで家庭菜園を楽しんだり、旬な野草を買い付けにいったり取り寄せたりするのも良いでしょう。旬のものは、季節の変わり目にストレスがかかりやすい体にスタミナをつけてくれるものです。効能に合わせて選ぶ楽しみや効果を期待できます。

飼い主の環境が変わりやすい時期

春は、入学、卒業、就職、転職、転勤、異動、役職変更、引越しなど、飼い主の環境に変化があることが多い時期です。それが原因で、飼い主が精神的に不安定になったり、落ち着かなかったり、忙しかったり、体調を崩したりと自分で精一杯になり、チンチラのお世話を怠りやすくなります。

そのため、排泄物の変化や偏食などに気づかず、病気の発見が遅れてしまうことがあります。自分が忙しいときには、必ず深呼吸してチンチラのことを考えてあげましょう。チンチラは飼い主の精神状態の影響を受けやすい動物です。

牧草を床材として敷いている

大型連休に長時間外出して留守にする場合は

ゴールデンウイーク前後は、この時期一番の寒暖差が予想できないときです。過ごしやすい時期と勘違いするため、温湿度管理に油断しがちになります。日中は真夏のような暑さになることがある割に、朝や夜は寒さが残る場合もあるので、暑さ対策をせずに留守をし、帰宅したら熱中症で亡くなっていたというケースが非常に多いのです。留守をする場合は必ずエアコンで温度調整をしましょう。行楽シーズンに浮かれずに、チンチラの温度管理を怠らずにしましょう。また旅行などで長期に留守をする場合は、ポイント31を参照してください。

Check! 牧草を床材として敷いている場合は腐敗に注意

春は急に室温が上がり敷材に熱がたまりやすくなります。木のすのこや木のチップでも同様ですが、特にケージの床に牧草を敷いている場合は、おしっこがかかった場所はさらに温度があがり、腐敗がしやすくなります。牧草は腐敗するとカビやバイ菌を発生させ、皮膚病や感染症を発症させやすくなります。汚れた部分はできるだけ早く取り除き、腐敗させない、腐敗を放置しないようにしましょう。

四季に合わせた環境づくり

夏は衛生面や温湿度管理に気をつけよう

日本の夏は、梅雨があり、涼しくするだけでは対策がたりません。締め切りにせずに外の新鮮な空気も入れましょう。

湿度に注意

梅雨から真夏にかけての季節は、高温多湿を好まないチンチラにとっては特に厳しい時期です。

湿度はチンチラの毛の換気を悪くさせ、皮膚呼吸しにくくさせます。毛が湿気をおびると体が重くなります。また湿度が高くなるとケージ内によどんだ空気がこもるようになり、決して衛生的ではなくなります。よどんだ空気は体の気の流れを悪くし、皮膚疾患や他の病気にかかる確率も高くなります。

より一層掃除をこまめに行い、除湿機を使ってしっかりと管理しましょう。

ちなみに、被毛がふわふわとしていない場合は、湿度が高すぎる証拠なので、注意しましょう。

えさがカビないように注意

部屋の湿度が上がると、牧草は湿気を吸収しやすいため、すぐにおいしくなくなります。もともと牧草には虫がつきやすいので、高い確率で虫がわきます。じめじめとした場所に置いたままにすると、カビがわいてしまうこともあります。そして固形フードでさえ湿気で痛み劣化し、おいしくなくなります。新しいえさを開封したら、乾燥剤を入れて口をきちんと閉じるか密封できる容器に入れ、冷暗所に置いてしっかり管理しましょう。

砂浴びの頻度を上げるのも1つの方法

どうしても部屋の湿度が下がらない時期は、砂浴びの回数を増やしてあげることも1つの方法です。心身ともにストレスを感じやすい時期ですので、リフレッシュしやすい砂浴びは効果的です。

1日1回の砂浴びを2回にするなど、砂浴びをする頻度を上げるようにしましょう。

ときには外の新鮮な空気を入れよう

夏場や梅雨はエアコンの効きを良くするためにも、窓をずっと閉めた状態にしがちです。湿度が高いと部屋の空気は薄くなりよどむので、室内に新鮮な空気を入れるのも大事なことです。

とても暑くなる前の早朝などに窓を開けて1日1回は換気を行いましょう。

夏は湿度に
気をつけて！

Check! 熱中症に注意

夏は、飼い主が想像する以上にチンチラにとってはとても暑いです。どんなに部屋を涼しくしていても、この時期はお散歩中に熱中症になることもあります。

1日で一番暑い時間帯は外気の体感を持つチンチラは部屋が涼しくても暑いと感じます。ケージ内にひんやりステージやひんやりボードなどを置いて、熱中症対策を行ってください。エアコンやサーキュレーターからの送風は直接当て続けてしまうと体が低体温を起こしてしまったり、神経系統を狂わせてしまうので要注意です。

また、停電でエアコンが止まってしまうときに備えて、冷凍庫でペットボトルの水を凍らせて置いておくことをおすすめします。

涼感天然石

ポイント34

秋は冬対策の準備をしよう

秋は冬の寒さに向けての準備期間となりますが、食欲の秋です。食べさせすぎに注意しましょう。

1番刈りのチモシーが販売される

1番刈りは通常主食になるものですが、刈り取り時期や保管方法で味が変わります。新刈りの時期はほとんどのチモシーがおいしい時期です。この時期にチモシーのおいしさを再認識してもらうチャンスです。ただし、新刈りの発売開始時期は真夏になるものもあります。

しっかりした体重管理が大事

秋になるとチンチラは冬に向けて脂肪を蓄えやすくなり、モリモリと食欲が湧きます。

野生下では冬になると食べられる牧草が減りますが、飼育下のチンチラは安定した食餌を摂取することができます。

そのため、十分すぎる栄養を採ることができ、ともすると肥満になりやすくなるのです。

この時期はえさを必要以上に与えないようにして、おやつもなるべく控えて、体重管理をしっかり行いましょう。

また、逆に冬に向けて、極端なダイエットは控えた方が安全です。特に高齢期にさしかかるような年齢の場合、急なダイエットで体調を崩すことがあります。太っているかどうかは獣医師に相談するようにしましょう。

冬に向けての寒さ対策

秋は、夏が長く、冬が早く来たりすることもあり、一番不安定な季節でもあります。季節の変わり目がとてもわかりづらいので、つい寒い冬が来るという心の準備を忘れてしまいがちですが、晩秋は日中と夜とで、寒暖差が激しくなる時期です。

部屋の温度が20度を下回ったら、冬に向けての寒さ対策を始めましょう。

室内の温度管理をしっかり行い、エアコンや小動物用のパネルヒーター、ケージの外側から局所的に暖められるヒーターなどを置いて、保温対策を万全にします。特に幼齢、高齢、闘病中は、急な寒さで命を落とすこともあるので要注意です。

また、最適だと感じる温度は個体によって異なります。

日頃からチンチラの様子をよく確認して、成長段階や健康状態に合わせて、飼い主が、その個体に合った暖かく過ごせる環境を作ってあげましょう。

便利な寄り添いヒーター

対策 季節の変わり目は寒暖差のため毛が抜けやすい

チンチラの毛は二層構造をしていて、太く丈夫な毛のガードヘアと柔らかなアンダーコートで成り立っています。チンチラの場合、この二種類の毛の長さがほとんど一緒なので、あまり違いがわかりません。日々生え変わり、抜け毛は砂浴びで落としています。また温湿度に合わせて、毛量を調節しているため、季節の変わり目や室温の温度差が激しいと、順応できなくなり、毛が抜け続けることが起こります。できるだけ温湿度を安定させてあげると、急激な毛の生え替わりを防げます。それでも、日々掃除を怠ると毛は相当量舞うので、エアコンや空気清浄機等にかなり吸い込みます。こまめな掃除を心がけましょう。

エアコンや空気清浄機のフィルターは詰まってしまうので、こまめに掃除するようにしましょう。

ポイント35

四季に合わせた環境づくり

冬の室内温度は20度以下にならないように注意しよう

冬、暖かな環境をつくることはもちろんなことですが、暖めすぎには注意。

温度管理をしっかり行おう

野生のチンチラは厳しい寒さの中、岩場の陰で家族で身を寄せ合い暖め合って暮らしていました。あまりに寒い環境の中にいると免疫力が下がり、風邪に似た症状になってしまったり、ひどい場合は肺炎になることもあります。窓の近くや隙間風が入って来ない、温度差があまりない場所にケージを置き、温湿度計を見ながらしっかり温度管理を行いましょう。

寒すぎたり寒暖差が激しくならないように

チンチラは寒冷乾燥地帯の動物だからと、とても寒い環境に放置される場合があります。四季のある日本の家の中で暮らすようになったチンチラには、野生時のような極寒温度には耐えられません。

室内の温度は最低でも20度以下にならないように温度調整を行ってください。チンチラは場合によってはそれ以下の温度でも耐えられますが、1日の寒暖差が5度以上変化がある場合、冬でも体調を崩します。一度暖かくなった部屋が急激に寒くなると、命に関わる場合もあります。

冬は飼い主がいる時間といない時間で温度差が激しくなりがちなので、特に注意しましょう。

ペットヒーターを吟味しよう

昔は鳥のヒーターを代用していましたが、いまでは小動物用のヒーターは選べるほどあります。年齢や用途に合わせて、その機能の特徴をしっかり理解して、選びましょう。フラットなパネル式なものは下に置くタイプになり、上で過ごすことが多いチンチラには向かないこともあります。ステップの上に置いてケージに固定できるものや、外がけできるもの、遠赤外線の効果が期待できるものなどもあります。

遠赤外線ヒーター

暖気からの逃げ場を作ることも大事

保温器具を設置する際には、暖めすぎに気をつけます。ペットヒーターをケージの半分だけ、もしくは2階部分のみを暖めるように設置するなど、チンチラに逃げ場を作ってあげましょう。

また暖気は上へ、冷気は下にたまります。人の高さの空気は暖かくなりがちで、ついつい底冷えに気づかないことがあります。冬でもサーキュレーターなどを使用して、部屋の空気を循環させるようにしましょう。

Check!

子どもや高齢のチンチラには特に気をつけること

お迎えしたばかりの子どもや高齢、病中、病後、妊娠中、育児中、育児が終わったばかりのチンチラは通常の大人のチンチラよりも免疫力が低下しています。

12月から1月にかけては、急激に寒くなる日があり、その日がいつになるかわかりにくいのです。急な冷え込みは、上記のチンチラたちには非常にこたえます。特に年末年始は、ほとんどの病院がお休みで、通常の診察が受けられない、担当医がいない、飼い主が帰省しているなどで、手遅れになるケースが非常に多いので、十分な注意が必要です。

万が一の場合、どこで診てもらうかを必ず決めておきましょう。

コラム 3

日本初のチンチラ専用布製品ブランド「Margaret Hammock」の開発者でもある鈴木理恵さんにブランドを立ち上げた想いを伺いました。

チンチラ界で空前の大ヒット!　マーガレットハンモックができるまで

「愛チンチラに安心と安全を」というコンセプトの元に、健康なチンチラにも病気や障害を持ったチンチラにも、よりよい生活を送るための商品を心を込めて開発しています。

このブランドを立ち上げたきっかけは、障害を持った愛チンチラ《マーガレット》との出会いです。私の服の中で寝ることが大好きだった彼女に、離れている時間も安心して眠れるようにと、国内外からたくさんの小動物用のマットやハンモックを取り寄せて研究するようになりました。ケージの中でも《マーガレット》の天使のような寝顔が見られるようになったことで「チンチラの可愛い寝顔をたくさんの人に見てほしい」という気持ちがわいてきたのです。

そして、本格的な製品化を目指し動き出します。「かじらせないようにするには、チンチラが気持ちいいと思う布を使えばいいのではないか?」と考え、たどり着いた生地が、現在のMargaret Hammockの生地です。ずば抜けた知識と技術を持ち合わせたプラス工房の一色社長に出会ったことで、《マーガレット》のために試作していた作品は次々と商品化されていきました。

チンチラが頬を寄せて気持ちいいと思う素材、抜け毛を回収したり、濡れた手でこすればすぐに毛が取れたり、速乾性が高いなどの生地の特性、おしっこを吸収する構造やかじられにくい縫製、日本製のさびにくい金具、そして心がほっとするような優しいカラーバリエーション、国内ですべて手作りされています。

元気な子には「健やかな寝顔と怪我のない毎日を」障害を持った子には「ハンデをカバーし楽しい毎日を」そして「愛チンチラの寝顔を守りたい」すべての飼い主の心からの願いをずっと支えていきたいと思っています。

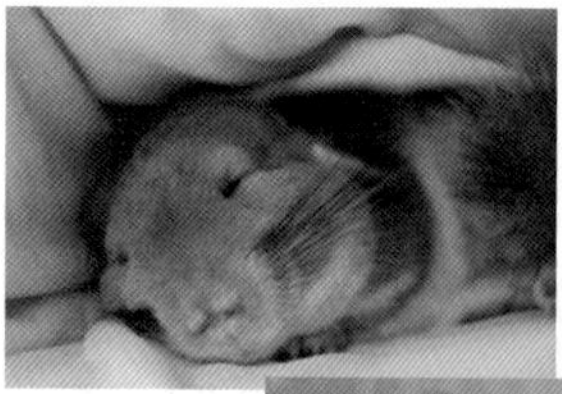

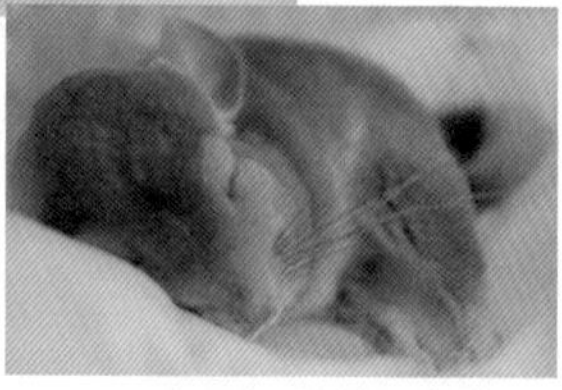

『Margaret Hammock』: 開発元 : 鈴木理恵（株式会社Suzzy Japan）製造元 : プラス工房（株式会社ワンキャビン）販売元: Royal Chinchilla（株式会社パテル）

第4章

ふれ合いを楽しもう

～お互いもっと楽しい時間を過ごすためのポイント～

ポイント36

もっと楽しい時間を過ごすために

今の気持ちを鳴き声から読み取ろう

声を出すときの気持ちを理解してあげよう。

チンチラの鳴き声の特徴を覚えよう

チンチラは、発することができる音が限られているため、似たような鳴き声でも、そのシチュエーションによって意味が違ってきます。鳴き声だけでは本当の気持ちを理解できません。どういう場面で、どんなしぐさで、どんな表情でその鳴き声を出したのかで、どういう意味があったのかを考えてあげましょう。

かまってほしいときや楽しいとき

飼い主の方を見ながら落ち着いた小さめの声で「キューキュー」「プップッ」「プープー」と鳴くときは、遊びたい、甘えたい、寂しい、かまってほしいという感情を表現している可能性があります。一人でお散歩をしているときに、こう鳴いているときは、嬉しい、楽しい、おもしろい、いい気分、などの意味合いもあります。

警戒や威嚇の鳴き声

高く大きな声でうつむき加減で宙を見ながら「ケーッケッケッケッケッケーッ」と鳴くときは、警戒の鳴き声です。危険が迫っている、不安だ、不審だといった気持ちをいち早く仲間に伝えるために、とても大きな声で鳴きます。寝ているときや寝起きにこの声で鳴くときは、眠りから覚める不思議な感覚に不安を覚えたときです。また隣の部屋にいる飼い主を呼んだり起こしたりするときにもこの声を使うことがあります。「ギャッギャッ」と比較的大きく鳴いて困ったような表情をしているときは、いやだ、やめて、と怒っています。

求愛の鳴き声

「プーップップップププ」「キュルキュルキュルキュル」「ミーミミミミー」といった感じに長めに同じ音がずっと続くような鳴き声は、求愛です。オスがメスを見つけたときや、好きになったとき、メスがオスに発情期を知らせるときなどがあります。若いペアで暮らしている場合は、お互いに好きになると、発情期であるなし関係なくこういった鳴き声で呼び合うこともあります。またオスが一人で暮らしていて、性欲が高まると、飼い主に対してこの鳴き声をかけてくることもあります。

気持ち別鳴き声

鳴き声	表わしている気持ち・心の状態
落ち着いた小さめの声で「キューキュー」「プップッ」「プープー」	飼い主にかまってほしいとき。楽しいとき。
高く大きな声で「ケーッケッツッケッケッケーッ」	警戒が強いときや不安なとき。
高く大きな声で「ギャッギャッ」	威嚇や怒っているとき。
「プーップップップッププ」「キュルキュルキュルキュル」「ミーミミミミー」	求愛や発情しているとき。

対策

よく観察して鳴き声の意味を理解しよう

チンチラはほとんど鳴きません。平常心では声を出さないため、鳴いたときは、比較的感情が高まっているときです。その上、もともと警戒心が強いため、緊張しすぎると逆に声を発しません。また鳴き声は仲間とのコミュニケーションの1つの手段でもあったので、警戒や威嚇の声以外は、飼い主に対していろいろな鳴き声を発し始めたなら、信頼関係の証とも言えるでしょう。

ポイント
37

しぐさや行動から今の気持ちを読み取ろう

チンチラはしぐさが特徴的です。ボディランゲージからもその感情を読み取ることができます。その意味がわかればコミュニケーションがさらに深まります。

勢いよくジャンプ

チンチラは30〜70cmほどジャンプできる跳躍力を持っています。

基本的には、体を動かしている過程や楽しいとき、またびっくりしたときも突発的に勢いよくジャンプします。

テンションが上がったときや遊び場が退屈だと小刻みにジャンプを繰り返すポップコーンジャンプや三角飛びなどの飛び蹴りをします。なにかうまくいかなかったときの腹いせに壁を蹴っていくこともあります。

尻尾を振る

チンチラの尻尾が長いのは、岩場を飛び回るときにバランスをとるためでした。

尻尾を左右に振るのは、喜びや求愛、威嚇、警戒を表現しています。尻尾を振ることで、自分を大きく見せて、威嚇相手をおっぱらったり、メスに受け入れてもらおうとしています。

てやんでい

チンチラのしぐさの中で一番特徴的なしぐさです。鼻になにかさわったときに気になってふく、きれいにするということと、動作の締めポーズとしてもやることから、江戸っ子の「てやんでい」と言って鼻をふくしぐさから名付けられた日本特有のネーミングです。

マスターベーション

オスのチンチラは、性成熟すると、マスターベーションをします。はじめてこの行為を見た人は「病気かもしれない」と驚くかもしれませんが、成人したチンチラのオスが自然にする行為なので、温かい目で見てあげてください。

一人でも定期的にやりますが、メスが近くにいる、メスと同居している場合は、頻度が高くなることもあります。歳とともにほとんどしなくなります。

尻尾を振っているところ

甘噛み

子供から大人になる過程において、甘噛みをする場合があります。心身が成長し、なににでも興味を持つ年頃になると、なんでも口でくわえて確認するようになります。対人間に対しても、指や手のひら、腕や足などにやります。興味や欲求によってその強さは変わってきます。またチンチラは信頼関係を築いた相手と毛繕いをし合うため、飼い主がチンチラをかいてあげるとそのお返しに甘噛みをしてくることがあります。

Check! その他チンチラのボディランゲージ

ほかにも被毛を舐めたり、かじったりして体をきれいにするための毛づくろいをします。

手で顔を洗うような動作をし、大事なひげの手入れを行い、鼻を1～2往復こすって、満足そうな顔をします。

愛情表現として、ペアで毛づくろいをする場合もあります。

体を丸めて小さい歩幅で歩いているときは警戒や驚き、不信感を表現していると言われています。いつでも攻撃できる体勢で構えています。また主にメスが、警戒から恐怖に切り替わった際に、おしっこを飛ばす攻撃をします。

目を開けたまま寝ているときもあり、これは浅い睡眠なので物音がするとすぐに起き、今まで眠っていなかったかのようなふりをします。

ポイント38

室内散歩をさせよう

室内散歩は、毎日行うようにしましょう。

室内散歩（部屋んぽ）

直線距離をダッシュしたり好きなタイミングでジャンプしたりする行為は心身のリフレッシュにはとても大切です。

そして、飼い主との一番のコミュニケーションの時間です。

室内散歩は、危ない場所がないように部屋をきれいに掃除してから行うことが前提です。

それでも、チンチラに事故が起きないように絶対に目を離さずに一緒にいましょう。

飼い主都合でやったりやらなかったりしない

一度ケージから出られることがわかるとチンチラはケージから出たがるようになります。

1日1回しか出られない場合は、24時間その時間を楽しみに待っています。たとえいつもと同じ長さのお散歩ができなくても、「出してもらえなかった」より「今日は短かったな」という気持ちの方が救われます。

必ず毎日お散歩をしてあげましょう。

室内散歩の時間の長さ

室内散歩は飼い主が無理のない時間の範囲内でさせるといいでしょう。

時間は長ければ長いほどチンチラも喜びます。

チンチラによっては自分で時間になるとケージに帰るようになる場合もありますが、おおまかなルールを決めて、始まりと終わりをわかりやすくしてあげましょう。

夏はより涼しく冬は暖かく

夏は運動をするとすぐに体温が上がるため、室温がいつもと変わらなくてもお散歩注意熱中症になることがあります。冬は床上20cmほどが底冷えするものなので、いつのまにか体が冷えてしまうことがあります。その上、夏は、お散歩時のお休みどころに、ひんやりハウスなどを設置し、冬は床や隠れ家にマットを敷いてあげるといいでしょう。チンチラの足の滑り止めにもなり、足裏にも優しいです。

コード、部屋の角、壁紙などがかじられないように！

対策 室内散歩前に準備しておくこと

チンチラは室内散歩の際に壁紙を歯を立てて破る傾向があります。

ペットフェンスを立てたり、猫の爪とぎ防止シートを貼ったりして対策を。

紙や布製品のものは、食べてしまうとお腹にたまり危険なので、片付けるようにしましょう。

木製の家具の角や木の柱をかじることもあるので、コーナーガードなどを貼っておくことをおすすめします。

また、狭い場所に入るのも好きなので、入り込まれたくない場所は塞いでください。

そして、外に脱出する隙間がないかも事前にチェックしておきましょう。軽い引き戸や網戸は開けてしまいます。網はかじって出て行ってしまう場合もあります。電源コードをかじってしまうと漏電や感電してしまう恐れがあるので、カバーをつけるか、室内散歩をする場所には置かないようにしてください。

ポイント39

もっと楽しい時間を過ごすために

飼い主と一緒に楽しむ遊びを覚えてもらおう

信頼関係を築いたら、一緒に遊ぼう。

チンチラに遊びを教えるには

チンチラは知能が高い動物です。

個体差にもよりますが、楽しいという気持ちが伴えば、飼い主が一緒に遊びをすることができるようになります。飼い主としっかりとした信頼関係を築けるようになったあとで、動物の学習メカニズムを活用します。

ほめられる嬉しさや食べ物をもらえる楽しさなどを利用して「おまわり」や「お手」、「ハイタッチ」などを覚えるようになります。

遊びを教える成長段階とタイミング

ある程度チンチラが成長して周囲の環境に慣れてから行いましょう。

また、複数の遊びを一度に覚えさせようとすると困惑してしまうので、1つずつ学習させるようにしてください。

食べ物の与えすぎに注意しよう

食べ物の与えすぎは肥満につながります。

また、1つ1つの量が大きいものだと、与えすぎてしまうので細かいサイズのものを少量ずつ与えるようにしましょう。

「覚えてもらえたらいいな」くらいの気持ちで行おう

チンチラによって得意な遊びも異なるので、飼い主が向き・不向きや上手くできそうな遊びを見極めるようにしましょう。ただし、一切、そういった遊びに興味がないチンチラもいます。その場合は、無理強いしても覚えません。逆に信頼関係にヒビが入ってしまうこともあるので、不向きな子に対しては潔く諦めましょう。向いてそうなチンチラでも、やったりやらなかったり、気まぐれなことが多いです。

気長に「覚えてもらえたらいいな」くらいの気持ちで、コミュニケーションの一環として、少しずつ覚えてもらうといいでしょう。

Check! ごほうびの与え方を間違えると……

ごほうびの与え方で、飼い主がチンチラにやってほしくない行動を正そうとして、かえって間違ったすり込みをしてしまうことがあります。

例えば、室内散歩の際に家具や電源コードをかじるのをやめさせようと、気をそらせるためにおやつを与えてしまうといったことです。これは逆効果になります。

なぜならば、チンチラはやってほしくない行為のごほうびがもらえると勘違いし、その行為をますますやってしまう、ということになりかねませんので、くれぐれも注意しましょう。

コードをかじっているときにおやつを与えてはいけません

ポイント40

なにか身に付けさせるには段階的に教えることが大切

いきなり高度なことを覚えさせようとしても飼い主の思い通りにはいきません。段階を追って覚えさせましょう。

名前を覚えてもらおう

チンチラは主に声と匂いで飼い主を認識しています。日々たくさん名前を呼んでいるだけで名前は覚えます。名前を呼んだら走ってくる、名前を呼んだら膝に乗るなどの場合は、食べ物の与え方を工夫します。

チンチラの名前を呼び、床やテーブルなどを軽く叩きます。そして、チンチラが寄ってきたら、食べ物をごほうびとして与えます。

おまわり

鼻先に食べ物を持って行き、匂いを嗅がせて食べ物を食べたがるか確認します。

そのまま匂いを嗅がせながら円

を描くように1周まわり、食べ物を食べさせます。

最初は上手にできないので、ゆっくり円を描いて誘導してあげるといいでしょう。

ハイタッチ

おまわりをしたあとに、食べ物を指で持ったまま手のひらを広げます。

チンチラが前足で手のひらにハイタッチしたら、ごほうびを与えましょう。

何度か繰り返すことでチンチラは、その行為を覚えるようになります。

手や肩に乗る

手や肩に食べ物を持って誘導すると、手や肩にも乗って来るようになるかもしれません。

しかし、チンチラが落下してケガをしないように、安全な場所で座って十分に注意しながら行いましょう。

Check!

なにかを教える際にやってはいけないこと

チンチラは警戒心が強いので、大声で怒ってしまうと恐怖心を植えつけてしまい、逆効果です。

飼い主に懐かなくなってしまったり嫌いになってしまったりするので、覚えなくても絶対に怒らないようにしましょう。

また、頭の良いチンチラでも集中力が切れたり疲れてしまったりするので、長時間無理矢理拘束することはやめましょう。

覚えるスピードも個体によって違うので、チンチラの個性をしっかりと理解して、様子を見ながら行いましょう。

繁殖させるには

繁殖させる際には時期や組み合わせに注意

繁殖可能な組み合わせをあらかじめ知っておきましょう。

繁殖させるからには責任を持とう

人間と同じように、動物の繁殖は非常に危険で大変なことです。

新たなチンチラをお迎えする場合も同じですが、お世話も飼育費も今までの倍以上になります。

個体によっては、20年以上長生きする子もいます。

ただ可愛いからというだけで繁殖させるのではなく、繁殖させると決めたら、産まれた子に愛情と責任を持ち続けて、最後まで飼育する覚悟が必要です。

繁殖可能な組み合わせは決まっている

チンチラは毛色で繁殖不可な組み合わせがあります。

ベルベット同士やホワイト同士は致死遺伝子が生まれる可能性が高いので、組み合わせできません。

また、パイド（モザイク）も白い毛色が混ざり、遺伝子はホワイトの遺伝子です。ホワイトとパイド、パイドとパイドの繁殖の組み合わせも危険なので絶対に避けてください。

発情の時期

チンチラは3ヵ月〜8ヵ月で性成熟します。

メスの発情期は30〜50日周期で

約3日から1週間続きます。

発情期には膣口が丸く開き、赤くなります。この状態で気に入ったオスに会えば交尾可能に。

一方でオスは性成熟すると精子を作れる状態になるので、いつでも交尾ができます。

繁殖不可な組み合わせ（カラー別）
ホワイト×ホワイト
ホワイト×パイドまたはモザイク
パイドまたはモザイク×パイドまたはモザイク
ブラックベルベット×ブラックベルベット
ブラックベルベット×ブラウンベルベット
ブラウンベルベット×ブラウンベルベット
ほか、ベルベット系から生まれるベルベットの遺伝子を持ち合わせたもの同士など。

チンチラの妊娠期間は111日間

飼育下での繁殖は1年を通して可能です。

メスの妊娠期間は111日間で他の小型草食動物に比べてもとても長いです。

これはチンチラの生態と生息地の関係で、産まれてすぐに隠れながら親について歩くことができるように、成長してから産まれる必要があったため、と言われています。

そのため、妊娠3ヵ月前後になると、心身ともに非常につらくなってきます。心と体の両方のケアが必要です。

対策　繁殖に適した個体かどうかを見極める

メスの体が弱っているときに妊娠や子育てをすると、体に負担がかかってしまうので、避けるようにしましょう。

神経質で怖がりなチンチラは異常にストレスがかかり育児放棄をする恐れがあり、妊娠・出産・子育てに向いていない可能性があるので注意してください。

また、体がしっかり成長していない若い個体が妊娠すると本人が成長できないリスクがあります。生後1歳未満の若すぎる個体の繁殖はおすすめしません。

また、高齢のチンチラや病中・病弱、病後、痩せすぎ、肥満の子も危険が伴うので、避けるようにしてください。

そして、近親交配は体が弱い子や奇形の子が産まれる可能性もあるので、絶対に行わないようにしましょう。

ポイント 42

繁殖させるには

繁殖させるには オスとメスの相性が大事

繁殖させるには、正しい手順で行うことが大事です。まずはオスとメスの相性を確認し、手順を守りましょう。

オスとメスのお見合い

メスは好き嫌いがはっきりしていて、繁殖はメスがオスを受け入れるかどうかにもかかっています。できればペアにする前に相性を見てから迎えた方が良いです。

まずは、ケージを噛みつかない程度の距離で、隣り合わせにしましょう。

ケンカにならなかったり、鳴き声が合ったり、鼻先を合わせたりするようでしたら、相性が良いです。

逆に攻撃的になる場合は、双方の相性は悪いので繁殖するのは難しいでしょう。

同居の手引き

ケージを隣り合わせて相性が良いとわかった場合は、一時的にケージを一緒にしたり散歩をさせたりするようにしましょう。

メスがお尻をあげて甘い声で鳴いていたら発情期が来た可能性が高いでしょう。

ただし、同居を始めてケンカするようでしたら、すぐにケージを離すようにしてください。

交尾

交尾は短い時間ですぐに終わります。

同居後にケージ内に膣栓が落ち

ていたら交尾に成功した証拠です。

膣栓は、ろうそくのかけらのような塊で、受精を確実にするためや他のオスと交尾しないように作られる栓です。

メスが膣栓を食べることがあるので、膣栓が見つからなくても交尾に成功している場合もあります。

また、メス1匹で暮らしている場合も、発情期にケージに膣栓が落ちていることもあります。

オスとメスが仲良く並んでいる

妊娠

動物病院で妊娠しているかどうかや胎児の大きさ・数をレントゲンで確認することができます。ただし、検査の死角に赤ちゃんがいることもあり、数が正確でないこともあります。

1匹産んだ後でお腹にもう1匹残っているのに出産ができず、母子ともに危険な状態になってしまったというケースがあります。

そのような場合に備えて、事前にお腹に何匹いるのかを動物病院で診察してもらうことをおすすめします。

対策

チンチラが妊娠したら

妊娠中の食餌は全体的にいつもよりも多めに与え、飲み水に時々総合ビタミン剤を入れたり、スタミナがつくサプリメントなども与えるといいでしょう。カルシウムが不足する場合が多いので、アルファルファなどカルシウムの多い食餌も追加します。

オスと同居している場合はメスが妊娠時にイライラしてオスを攻撃することも多いので、できるだけ早めにケージを分けるようにしましょう。出産の日が近づいてきたら、ケージ内のレイアウトを低めに配置しましょう。

また、産まれて来た赤ちゃんは羊水で濡れているので、冷えを防ぐために季節を問わず、床置きのペットヒーターを設置しましょう。

ポイント43

繁殖させるには

出産と子育て ～出産前には父チンチラとケージを分ける～

チンチラは分娩後発情のため、オスと一緒にさせておくと連続出産の危険性がありますので気をつけましょう。

チンチラの出産

野生のチンチラは深夜や夜明けに出産することが多いですが、飼育下では出産する時間はチンチラそれぞれによって異なります。

一度に平均して1～3匹の子を産み、通常は頭から子を産み出しますが、逆子で産まれて来る場合もあります。

複数の子どもを産む場合は、分娩時間は1時間から半日ほどかかる場合もあります。

子が産まれた後に胎盤が出る

全部の子が産まれたあとに最後に胎盤が出てきて、母チンチラはその胎盤を食べて栄養にします。

母チンチラの口や前足に血がついていたら出産後に胎盤を食べた証拠になります。胎盤が出ない場合や難産で出産後も胎盤を食べないでぐったりしている場合は動物病院に行って診察してもらってください。

出産前には必ず父チンチラとケージを分ける

チンチラは出産後、すぐに繁殖可能な体の仕組みになっています。

しかし、出産後に連続して妊娠してしまうと体に負担がかかってしまいます。

父チンチラと母チンチラのケージを一緒にしている場合は、出産中または出産直後に交尾してしまう可能性が高いため、必ず分けるようにしてください。

人工哺育

産まれてすぐに子どもたちは母乳を飲みます。

2匹以上の赤ちゃんが産まれた場合は母乳が足りなくなることがあります。

著しく成長が遅れている子がいたら人工哺育が必要です。2～3時間おきにヤギミルクを与え、赤ちゃんをサポートしましょう。

心配な場合は動物病院に行って獣医師に相談してください。

また、状況に合わせて臨機応変に対応するようにしましょう。

産まれたばかりのチンチラ

対策 はじめての砂風呂

赤ちゃんは出られなくなる

生後間もない赤ちゃんは、砂が目や鼻や気管に入ってしまうことがあるので、砂浴びを控えます。お乳をよく飲んで、元気に走り回って、ひとまわり成長したくらいで砂浴びを開始します。

生後1週間が目安です。それまではお母さんは別に砂浴びをさせてあげましょう。

砂浴びの容器は赤ちゃんが簡単に出入りできる高さの低い容器で、母チンチラと一緒に入れる広さのサイズのものを選びます。

高さのある瓶などを置きっぱなしにしてしまうと、瓶から出られずに弱ってしまいます。また赤ちゃんは中でおしっこをしてしまうことが多いので、よく点検しましょう。

コラム 4

最近は特にペットロスの研究に力を入れている鈴木理恵さんに、とても愛したチンチラが亡くなったとき、どのように飼い主さんは失望を乗り切ったら良いのか、また、その死を無駄にしない取り組みについてお聞きしました。

お別れと、その死を無駄にしない取り組みについて

愛したチンチラを亡くした喪失感を埋めることはできません。その失望を乗り越えることもできません。誰も代わりになれません。永遠に涙も止まりません。なにをどうがんばっても亡くした事実は、なにも変わらないのです。でも、一つだけ救いがあるとしたら、こんなにも科学が進歩した世界で、アナログに、身体中で、愛することができた命が存在していたということ。それは自分の人生の誇りであることは間違いない。何年経っても大粒の涙があふれます。いつまで経っても、後悔ばかりです。それでも、楽しかったあの日々を思い出すだけで胸が躍る。それはなんて素敵なことで、どんなプレゼントよりも嬉しかった記憶。だから、自分を責めることだけはしてほしくないのです。あなたがそれだけ楽しかったということは、あなたの愛したチンチラも絶対に楽しかった。幸せだった。

どんなチンチラも必ずしも長生きするという保証ありません。20 年一緒にいられると思ったのに、長生きだからチンチラを選んだのに、たった○年しか一緒にいられなかった。ほとんどの人がそう嘆きます。でも、25 歳まで生きても、きっと同じことを思ったと思います。愛する誰かと過ごす時間は、長ければ長いほど嬉しいけれど、短かったから不幸せだったわけではありません。命の尊さや愛情の証は、長さではなく、どれだけ大切な存在だったかでしょう。

チンチラの生態と病気の解明が今後の課題

まだまだチンチラの生態や病気の原因はわからないことだらけです。

原因不明の急死やなにを患っているのかさえわからないこともあります。病名を告げられても、治療法もなく、なぜ死に至ったのか説明ができないこともあります。

そうなると決まって飼い主さんは「自分の飼育方法が間違っていたのではないか」と思い悩んでしまうのです。死因不明、病名不明、こんなつらいことがあるでしょうか。もしこれが人間だったら、その死を受け入れることは本当に難しい。動物だから仕方ない、なんてことはないのです。そのためにも、ほんの少しの手がかりとともに、いまここにいる飼い主さんたちで、未来を作っていけたらと思うのです。

少しでも気になることがあったら、診察に行ってください。1 つでも多く症例を解明すること。それが未来のチンチラの生態や病気の原因の解明へつながる方法なのです。

第5章

高齢化、健康維持と病気・災害時などへの対処ほか

～大切なチンチラを守るポイントほか～

ポイント44

病気やケガへの対処法

病気やケガの種類と症状を知っておこう

さまざまな病気やケガがあることが確認されています。何か様子が変だなと思ったら、動物病院で診てもらいましょう。

不正咬合

不正咬合とは歯がすり減らず、歯の噛み合わせが悪くなる状態のことです。

野生のチンチラは硬い繊維質の食べ物を噛みきって、時間をかけて咀嚼します。

そのため、歯が次第にすり減ってしまうので、それを防ぐために速いスピードで歯が伸びるようになりました。

しかし、飼育下のチンチラは野生と比べて歯を使う機会が減ります。

そうすると、歯が伸びることと減ることのバランスが崩れて、歯がすり減らずに不正咬合になってしまうのです。

また、金網をかじることで歯の噛み合わせが悪くなり、不正咬合になる場合もあります。

不正咬合の症状・治療

固いものが食べられなくなり、食欲が減り、体重も減ります。

口が閉まらなくなるので頻繁によだれを垂らし、いつも顎の下の毛が濡れている状態になります。

よだれを拭いたり手で口の中を触ったりするので前足が濡れていることもあります。

動物病院に行って歯を削ってもらい、長さを適切に整えてもらってください。

不正咬合になったら、その後も定期的に動物病院で検査し、歯を削ってもらう必要があります。

不正咬合の予防

予防策として、ふだんから牧草とかじるおもちゃを与えるようにしましょう。

特に牧草は繊維質が多く、硬さもあるので歯をすり減らすのに適しているので、多めに与えましょう。

また、金網かじりをする子には木製の柵をケージに取り付けて、金網をかじらせないように工夫してください。

虫歯・歯周病

人間と同じように、チンチラも虫歯や歯周病にかかります。

原因は繊維質の少ないえさや糖質が多いおやつを与えすぎてしまうことです。

完治するのに時間がかかり、根気のいる病気なので、虫歯や歯周病にならないように注意しましょう。

虫歯・歯周病の症状・治療

口臭がひどくなり、口の中を痛がったり、よだれがたくさん出るようになったり、歯ぎしりをよくするようになります。

この症状が出たら、動物病院に行って診察してもらう必要があります。

Check! チンチラに多い病気と注意のポイント

チンチラは歯が伸び続けるという特徴があり、不正咬合をはじめとする歯のトラブルが多く見受けられます。

虫歯や歯周病も同時に不正咬合を起こしていることが多く、不正咬合の治療を行うことで症状が軽くなることもあります。

また、高い場所からの落下や金網に足を引っ掛けてしまうことが原因の捻挫や骨折、多頭飼育が原因のケンカなどによる外傷もよくあることです。

その他にも皮膚や消化器、熱中症などの病気もチンチラに多いです。

チンチラは敵から身を守るため、体調不良を隠す性質があります。

日頃からこまめにチンチラの健康状態を確認し、気になることがあったらすぐに動物病院に行って診察してもらいましょう。

虫歯・歯周病の予防

予防のためにも、ふだんから牧草をたくさん与え、糖質の多いおやつは控えめに与えるように徹底してください。

捻挫・骨折

高い場所からの落下やケージ内のわずかな隙間に足を引っ掛けてしまうなど、さまざまな原因でチンチラは捻挫や骨折をしてしまいます。

チンチラは痛みに耐え、病気を隠す動物です。

ケガをして平気そうに過ごしていても、念のために動物病院に行くことをおすすめします。

捻挫・骨折の症状・治療

捻挫や骨折をすると足を引きずって歩く、どちらかの足をかばうようになる、じっとして動かない、うずくまるなどの動きをします。

症状が軽い場合は、痛み止めを服用し、運動を中止して安静にして治す方法もあります。

状態によっては骨折部分をピンで繋げる手術をする場合や足を切断することもあります。

なお、状態の判断は獣医師でないとわからないことも多いため、捻挫や骨折が疑われる場合は、ただちに動物病院に行って診察してもらってください。

捻挫・骨折の予防

ふだんからケージ内を点検し、足を引っかけそうなところがないか、危ない場所はないか確認しておくといいでしょう。

また、必ず座ってチンチラを抱っこすることを習慣づけて、高い場所から落下することがないように気を配るようにしてください。

外傷

外傷の多くはケンカが原因です。多頭飼育で同居しているチンチラ同士の相性が悪い場合や繁殖するときにオスとメスの相性が悪いとケンカが起こります。

特に繁殖時に、メスは交尾をするオスを厳しく見定めるので不適切だと思ったオスには尿をかけ、蹴ったり噛んだりして寄せ付けないようにする場合があります。

また、単独飼育の場合も室内散歩中やケージにいるときに、不意に外傷を負う場合もあるので注意しましょう。

外傷の症状・治療

出血や傷、腫れができて、触ると痛がります。

出血が少ない場合は、ガーゼや包帯で止血をしましょう。

しかし、わずかな出血でも大きな傷につながることもあるため、動物病院に行って診察してもらうことをおすすめします。

外傷の予防

多頭飼育や繁殖時にチンチラ同士を一緒にすると、相性が悪い場合はケンカすることがあります。

場合によっては、もう一方のチンチラを死亡させてしまうことがあるので、ケンカが始まったらすぐにケージを離すようにしましょう。

また、室内散歩をさせるときに危ないものが置いていないか、ケージにケガの原因になりそうなものがないかなどをふだんからチェックしておきましょう。

熱中症

野生のチンチラは寒冷乾燥地帯に生息していたので、暑さや湿度の高さを苦手としています。

Check! 幼年期、青年期、壮年期に気をつけたいこと

幼年期のチンチラは体が弱く体力がないので、熱中症や低体温症、真菌症（皮膚糸状菌症）などにならないように温湿度管理に気を配りましょう。

青年期・壮年期のチンチラは盛んに活動するため、外傷や捻挫、骨折などに気をつけるようにしてください。

また、不正咬合を防ぐために、ケージ内にかじり木や木製の柵を置いてケージの金網をかじらせないようにしましょう。

老年期のチンチラは、体力が落ちて足腰が弱ってくるので、ステップを増やして落下防止対策を行ったりケージのレイアウトを低くしたりして、危なくないように工夫してください。

また、病気の予防のためにも、ケージの近くに温湿度計を置いて温度管理をしっかり行いましょう。 歯も弱くなるので、柔らかい牧草やペレットをふやかして与えてください。

気温が27度以上で湿度が60％以上になると熱中症になってしまいます。

停電でエアコンが止まってしまい、家に帰ったらチンチラが熱中症になっていたというケースがあります。

夏の留守番は十分に注意しましょう。

熱中症の症状と治療

呼吸が浅く早くなり、よだれを垂らし、耳と舌が真っ赤になり、激しい下痢をして、脈も浅く速くなります。

体も熱くなるので、冷やしたタオルや水で体を包み、ただちに動物病院に行ってください。

治療として、ショック療法や点滴を行います。

熱中症の予防

室内の温湿度管理をふだんからしっかりと行い、ケージを直射日光が当たる場所に置かないようにしましょう。

また、夏場に旅行に行く場合は、チンチラをペットホテルやペットシッターに預けるか友人や家族に様子を見に来てもらうようにしましょう。（ポイント31参照）

軟便・下痢

軟便は環境の変化によるストレスやおやつの与えすぎ、カビたえさを与えたことによって引き起こされます。

下痢も軟便と同じ原因で起こりますが、1日～2日で治らないようなら動物病院に行きましょう。

また、細菌感染や内部寄生虫の可能性もあります。

血が混じった下痢、激しい下痢、頻繁に下痢をする場合は早急に獣医師に診察してもらいましょう。

軟便・下痢の症状・治療

軟便は糞が茶色で柔らかくなり、チンチラが踏むと潰れます。

また、下痢を引き起こす前には水気のある軟便を出すことが多く、このような状態になったらフンが新鮮な状態のときにラップに包み、すぐに動物病院に持って行くようにしましょう。

乾燥したフンからは寄生虫疾患

を見つけにくくなってしまいます。

下痢の原因が何なのか動物病院で特定してもらい、点滴や寄生虫の場合は駆虫剤を使用して治療します。

また、チンチラがストレスを感じているようでしたら、ストレスを減らせるように工夫をしましょう。例えば決まった世話の手順を作り、毎日その通りにお世話するようにするとチンチラも予測不能なことが減り、安定します。

軟便・下痢の予防

お迎えしてすぐやえさを切り替えて間もないときに、環境の変化のストレスで軟便になることがあります。

そのようなときは、新しいえさに以前与えていた馴染みのえさを少しずつ入れて安心させ、えさを切り替えるようにしましょう。

また、愛情を持ってチンチラに接するようにすることでチンチラも飼い主を信用し、精神も安定して、ストレスにも強くなることが期待できるでしょう。

真菌症（皮膚糸状菌症）

真菌症（皮膚糸状菌症）とは、人間でいう水虫に感染した状態のことで、皮膚の病原体に対する抵抗力が低下しているときに、かかりやすい病気です。

また、真菌症の原因として高温度や高湿度での飼育や過密飼育、栄養バランスの悪さ、ストレスなども挙げられています。

対策

チンチラにふだんと違う様子が見られたら

チンチラが以下の行動をしている場合、注意が必要です。

・食欲がなく、飲み水の量が急変する
・体がだるそうで、いつものように遊びたがらない
・飼い主と目を合わせようとしない
・急に噛むことが増えた
・砂浴び用容器に入ろうとしない
・足をかばうように歩いている
・体の一部が気になっている

「おかしい」と感じたら、すぐにチンチラの診療に対応している動物病院に連れて行き、診察してもらいましょう。

真菌症は人にも感染する病気です。

ただし、体調が悪いときなどにしか感染しませんので、免疫力が高い通常の状態であれば感染することはあまりありません。

しかし、飼育しているチンチラが真菌症になったら、飼い主は手洗いをしっかり行い、予防するようにしましょう。

真菌症（皮膚糸状菌症）の症状・治療

毛が脱毛し、皮膚が炎症して赤みを帯びます。発症の原因となった環境を改善し、飼育環境を掃除・洗浄し、乾燥させて消毒します。

また、動物病院で抗生物質の投与を行い、患部に軟膏を塗布し、治療を行います。

真菌症（皮膚糸状菌症）の予防

ケージ掃除は毎日行い、高温多湿にならないように温度管理に気を配るようにしてください。

多頭飼育の場合は、1ケージ1匹で飼育すると病気が伝染するのを防ぐことができます。

便秘・毛球症・腸閉塞

ストレスで自らの被毛や異物を飲み込んで、吐き出せなくなると消化器官が詰まり、便秘や毛球症、腸閉塞になります。

これは、繊維質の少ない食餌を与えたことやストレスで消化機能が低下したことが発症の原因として考えられています。

便秘・毛球症・腸閉塞の症状・治療

食欲不振になり、水しか飲まなくなるので体重が減り、衰弱し、下痢をすることもあります。

また、便も少なくなり、腹部が極度に膨らみ、ショックで気を失ってしまう状態にもなります。

腸が完全に詰まっていない場合は消化管運動を刺激させる薬剤や毛球除去剤の投薬をします。

完全に腸が閉じている場合は鎮痛剤を投与して外科手術を行って治療します。

便秘・毛球症・腸閉塞の予防

繊維質が高い食餌を与え、ふだんから十分な運動をさせるようにしてください。

また、ストレスがたまらないようにするのが大事です。かじり木などのおもちゃを増やして、室内の温湿度管理もしっかり行うようにしましょう。

鼓腸症

お腹の中にガスがたまってしまう病気です。

ストレスや不正咬合、慢性の消化器疾患など他の病気から併発することや低繊維のえさを与えたことが原因となって発症します。

鼓腸症の症状・治療

食欲がなくなり、体重が減って、腹部が膨らみ、便の量が少なくなり、下痢をします。

動物病院でレントゲンを撮って診断し、消化管の運動を刺激する薬や乳酸菌製剤を投与する治療が行われます。また、積極的に運動させて高繊維質のえさを与えるようにします。

鼓腸症の予防

おやつを減らして、高繊維質な食餌を与え、十分に運動させるようにしてください。

また、ストレスをためないためにも、例えばケージのレイアウトの見直しを行ったり、ふだんから

対策

病気の予防策を事前にしっかり学ぼう

この他にもチンチラは人間と同じように、糖尿病や腫瘍、肺炎、心臓病、子宮疾患などの大きな病気にもかかることがあります。

ポイント22で紹介したように、毎日チンチラの体のチェックを行い、少しでも異変を感じた場合は動物病院に行くようにしましょう。

また、先天性や遺伝性の病気を除いて、適切な飼育を行えば、チンチラの大半の病気は未然に防げると言われています。

病気の予防策をしっかり学び、チンチラがストレスなく快適に暮らせるように工夫しましょう。

チンチラを驚かせたり怖がらせたりしないように心掛けるようにしましょう。

チンチラに多い症状と考えられている病気

症　状	考えられる病気
食欲不振	不正咬合、鼓腸症、便秘、毛球症、腸閉塞、老化など
脱毛	細菌感染、真菌症、脱毛症、毛球症など
目やに	目にごみが入った、結膜炎、角膜炎、不正咬合など
下痢	鼓腸症、便秘、毛球症、腸閉塞、細菌、寄生虫など
便秘	風邪、鼓腸症、便秘、毛球症、腸閉塞など
便が小さくなる	鼓腸症、便秘、毛球症、腸閉塞など
呼吸が荒い	鼻炎、肺炎など
元気がない	不正咬合、鼓腸症、便秘、毛球症、腸閉塞、糖尿病など
体を頻繁にかく	細菌感染、真菌症、脱毛症など
ケガをしている	外傷、捻挫、骨折など

チンチラの年齢換算表

チンチラ	人　間
1歳	12～13歳
2歳	20～21歳
3歳	22～26歳
4歳	27～31歳
5歳	32～36歳
6歳	37～41歳
7歳	42～46歳
8歳	47～51歳
9歳	52～56歳
10歳	57～60歳
11歳	61～64歳
12歳	65～68歳
13歳	69～72歳
14歳	73～76歳
15歳	77～80歳
16歳	81～84歳
17歳	85～88歳
18歳	89～92歳
19歳	93～96歳
20歳	97歳～100歳

ポイント45

病気やケガへの対処法

ふだん以上に温湿度管理や衛生面での配慮をしよう

日頃から細心の注意をしていたのにもかかわらず病気になることもあります。そのようなときの対処法を知っておきましょう。

温湿度管理には十分注意

病気になると、たいていは健康なときよりも体温が下がってしまいます。

そのため、ふだん以上に温湿度調整に注意してください。

夏のエアコンの冷えすぎ、冬の寒さ対策、湿度管理をしっかり行い、隙間風が入って来る場所がないかなど、温湿度管理に気を配りましょう。（ポイント19参照）。

チンチラが過ごしやすいように工夫しよう

排泄物を片付けていないなど、ケージ内を汚れたままの状態にしておくと他の病気を引き起こしてしまう可能性があります。

ケージ内を清潔に保ち、チンチラが少しでも快適に過ごせるように配慮しましょう。

また、ケージ内のレイアウトを少しずつ低くして、飼い主が観察しやすく、コミュニケーションが取りやすい場所にケージを置くなど工夫をしましょう。

安静を第一に

病気だからと言ってやたらと気にかけたり触ろうとしたりするとチンチラがストレスを感じてしまいます。

病気になったら、まずは安静にすることが第一です。

チンチラがしっかり休めるように様子を伺いながらも、なるべくそっとしておき、少しずつ声をかけてあげるといいかもしれません。

強制給餌《きょうせいきゅうじ》の方法

チンチラが不正咬合などの病気になり、えさを食べなくなった場合は、飼い主が強制給餌をする方法があります。

牧草やペレットをミルサー（食材を粉末状にする機械）で粉末にして、お湯でドロドロにするか、小動物用の流動食を水で溶きます。そして、チンチラを抱き上げるか、タオルで巻いて保定し、シリンジで食餌を少しずつゆっくり与えます。

お腹いっぱいになると手で払ったりイヤイヤして食べなくなるので、そこで強制給餌を終わらせてください。

症状によって、ほとんど食べられない、ほんの少し食べさせるだけでいい、あげすぎてはいけない場合もあるので、獣医師に必ず相談しましょう。

対策

薬を飲んでくれないときには

チンチラが薬を飲まない場合は、薬と一緒に果汁100%のジュースやおやつなどを混ぜて入れるといいでしょう。

チンチラがどうしても薬を拒絶してしまう場合は動物病院に連れて行き、相談してください。別の方法で治療を行います。

また、自己判断で薬を規定量以上に飲ませたり、途中でやめてしまったりせずに、獣医師の指示に従いましょう。

いざというときのために日頃からシリンジを用いて、練習しておくといいでしょう。

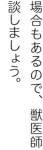

ポイント46

病気やケガへの対処法

動物病院に連れて行く際に注意すること

いざ病院に連れて行こうとするときの運び方には、注意すべきことがあります。あらかじめ知っておきましょう。

キャリーで持ち運ぶ際の注意点

動物病院に連れて行くときは、小型キャリーを使用します。

移動する際には、振動が少ないようにするなど、できるだけチンチラの体に負担がかからないように工夫をしてください。

チンチラのストレスを軽減させるために、ケージにカバーをつけたりバッグに入れたりしてできるだけ人目にさらさないようにしましょう。

また、動物病院に行く前に準備期間がある場合は、持ち運び用のキャリーやケージに慣れさせるために、数日前から寝床として使用して、匂いをつけておくことをおすすめします。

持ち運びには保冷剤やカイロ、カバーが大事（右側のポケットに保冷剤や使い捨てカイロを入れる）

キャリー内には牧草を入れておこう

チンチラは絶食に弱いのでキャリー内に牧草を入れておいて、いつでも食べられるようにしておいてください。

また、排泄物でチンチラの体が汚れないように、下網タイプのキャリーを使用するか、おしっこを吸収するマットなどを使用しましょう。ペットシーツは万が一食べてしまうと一大事のため、直接敷かないようにします。移動距離や待ち時間が長いことも考えて、ボトルが設置できるタイプのものが安心です。

外出時の気温などに気をつける

体が弱っているときには特に温度管理に気を配り、夏場は午前中や夕方など涼しい時間を選んで移動してください。冬場は日が出ている時間帯の方が安心です。

そして、夏にはタオルで包んだ保冷剤を冬には使い捨てカイロをチンチラがかじらない場所に設置するといいでしょう。

動物病院で診察する前の準備

チンチラの様子を写真や動画で撮影して獣医師に見せたり、フンを持って行くと、やりとりがスムーズになります。

写真や動画は診察室で探すようなことにならないように、すぐに見せられる場所に保管しておきます。診察室に入ると慌ててしまって、症状や伝えたいことの時系列があやふやになってしまうことが多いので、必要な情報は事前にメモに整理しておきます。また、帰宅してから思い出せなくならないように、獣医師の説明も大事なことはメモをとるようにしましょう。

Check! 移動の際に確認や注意すること

電車やバス、タクシーなどを利用する際には、必ずキャリーに入れて乗車します。場合によっては、事前に小動物を乗せても大丈夫か確認をとります。

ちなみに、JR 東日本では「手回品料金」290円（2023 年 3 月現在）で、キャリーに入れた動物と一緒に乗車することができます。

ラッシュ時は避けて、夏場は強いエアコンの送風に注意しましょう。逆に冬は暖房で電車内は暑くなるので、キャリー内の換気を心掛けます。

また、車で向かう場合、夏場の車内は非常に熱くなるので、チンチラを乗せる前にエアコンをかけて冷やしておきます。冬は先に暖房をつけて暖めます。短時間でもチンチラを車内に置いたままにしないようにしましょう。

ポイント47

病気やケガへの対処法

かかりつけの動物病院を探しておこう

突発的な病気やケガに備えて、あらかじめ通える動物病院を知っておきましょう。

チンチラはエキゾチックアニマル

チンチラはエキゾチックアニマルの一つです。

エキゾチックアニマルとは簡単に言うと犬や猫以外の動物全般のことを指し、ウサギやハムスター、亀、インコ、デグーなどもエキゾチックアニマルに該当します。チンチラもエキゾチックアニマルです。

動物病院によっては、犬猫のみを診療しているところも多いので、必ずエキゾチックアニマルを診療している動物病院を探してチンチラを連れて行きましょう。

また、該当する動物病院を見つけたら、念のために

動物病院のホームページからはさまざまな必要情報が得られる

事前に病院に電話してチンチラを診察してもらえるのかどうかや病気の症状を伝えて確認しておくといいでしょう。

チンチラを飼っている人に相談

チンチラをすでに飼育している人におすすめの動物病院やかかりつけの動物病院を聞くのもいいでしょう。

動物病院の雰囲気や対応、担当の先生の特徴など事前に有益な情報を収集できます。

インターネットで探す

インターネットで「チンチラ 動物病院（地域名）」「エキゾチックアニマル 動物病院（地域名）」と入力し、家の近くにあるチンチラを診療してくれる動物病院を検索しましょう。

動物病院のホームページには、住所や電話番号、受付時間、病院の特徴、診療してもらえる動物についての情報が記載されています。

ペットショップに聞く

飼育しているチンチラをお迎えしたペットショップやブリーダー、里親にチンチラを診療できるおすすめの動物病院を聞くのもいいでしょう。

同時に、夜間などの緊急時にも対応してもらえる動物病院を聞いておくと、なにかあったときもスムーズな対応ができます。

対策

健康診断は定期的に受けよう

かかりつけの動物病院を決めたら、病気予防や健康維持のためにも、年に一度は健康診断を受けることをおすすめします。

健康診断には、ポイント22で紹介した日々の健康記録を持って行くといいでしょう。健康診断では検便や触診、視診、歯の診察、腫れがないかなどを確認し、必要な場合はレントゲンや血液検査をする場合もあります。高齢になったら健康診断に行く回数を増やしましょう。

また、健康診断に行くことによって、獣医師に日頃から気になっていることや悩みを質問したり相談したりすることができます。

そうすると獣医師との信頼関係ができて、いざというときにも、かかりつけの獣医師のもとで納得ができる治療を受けられます。

シニアチンチラのケア

できるかぎりストレスフリーな飼育環境を整えよう

人と同じで、さまざまな機能が衰えていきます。特にこの時期を迎えるチンチラには若いチンチラ以上に手をかけてあげましょう。

温度管理をしっかり行いストレスフリーな生活を

シニアチンチラを飼育する上で最も大切なことは温湿度管理です。老年期は特に、温湿度管理に気を配りましょう。また、チンチラはストレスに弱い動物です。

飼育しているチンチラに合った食餌やふだんの運動量を把握して、それをケージのレイアウトに生かすなど、できるかぎりストレスフリーな生活が送れるように工夫してください。

また、ケージのレイアウトを低くしたり食餌内容を変更したりする場合は、高齢の場合は急な変化にストレスを感じやすいので、少しずつ行うようにしましょう。

視力が落ちてきたら

高齢になると白内障などの病気にかかり、視力が落ちる個体もいます。

しかし、チンチラ自身は不自由しないことが多いです。

なぜなら、ひげ、鼻、耳など他の感覚器官が働いてセンサー代わ

名前 チラ(性別♀) 年齢20歳0ヵ月

りになっているためです。

また、チンチラは頭がいいのでケージのレイアウトを記憶しています。しかし、重度の白内障になった場合は、なるべく模様替えはしないように注意してください。

自分で食べられなくなったら

自分でえさを食べられなくなってしまった場合は、飼い主がえさを与えましょう。

何も食べなくなってしまうと死んでしまうので、何か食べられるものを食べさせてあげることが大事です。

ライフケア（粉末フード）やチンチラが好きな食べ物をミルサーで粉末にして、強制給餌を行いましょう。（詳しくはポイント45参照）

飼い主も無理せず、心身健康な状態でいることが大切

飼育しているチンチラの介護をしていて、飼い主も落ち込んでしまったり不安定な気持ちになってしまったりすることもあるでしょう。しかし、飼い主が精神的ストレスを抱え、病気になってしまったら、チンチラを看病することもできなくなってしまいます。

落ち込んだら誰かに愚痴を話したり、ときには友人・知人・家族にお世話を手伝ってもらったりして心身ともに健康に過ごせるように工夫するようにしましょう。

今はつらいかもしれませんが、愛情を込めて介護すれば、必ずチンチラにもそれが伝わることでしょう。

対策

かかりつけの動物病院は2つあると便利

チンチラのかかりつけの動物病院を決めていた方が、病院の特徴、獣医師や看護師さんの雰囲気を事前に知っているので、いざとなったときにも慌てずに、準備ができます。

しかし、かかりつけの病院ではない動物病院に行って、新たな病気や治療法がみつかることがあるので、ときにはセカンドオピニオンを聞くことも大事なことです。

また、病気が急変したときに、いつも行っている動物病院が休診日という場合もあるので、かかりつけの動物病院は2つあると便利です。

ポイント49

災害時の対応

あらかじめ避難の準備をしておこう

いつなん時襲ってくるかわからない自然災害。大切なチンチラを守るために防災対策をしておきましょう。

飼い主が自発的にチンチラを守ろう

日本は他の国に比べて地震や台風などの災害が多い国です。

災害時に備えて、チンチラと避難する方法を知っておきましょう。まずは、事前に自分が住んでいる地域の避難場所を確認し、避難経路をチェックします。

そして、人とチンチラの避難グッズを用意してください。

チンチラの避難グッズは最低でも1週間分ほど用意しておくことをおすすめします。

チンチラが好きな食べ物を把握しておこう

チンチラは、ストレスでまったく食べ物を食べなくなってしまうこともあります。

そうならないように、日頃からチンチラの好物をできるだけたくさん把握しておき、災害時には好物を与えて、しっかりと食餌ができるようにしましょう。

非常時は脱水になりやすいのでスポイトなどで強制的に水分がとれるような練習もしておきましょう。

日頃から防災訓練を行う

災害に備えて日頃から、何分でチンチラをキャリーに入れられて何分で家を出られるのか時間を測って、防災訓練を行うのもいいでしょう。

緊急時にチンチラを動物病院に連れて行くときの練習にもなりますし、いざというときにも慌てずに行動できるでしょう。

避難用のキャリー

避難所で長時間過ごすことを考えると避難用キャリーはえさ入れやボトルが付けられるタイプで、チンチラがかじって壊し脱走しないような頑丈なものを選ぶといいでしょう。

また、万が一のことを考えてケージに連絡先を書いた名札を付けておくことをおすすめします。

対策

避難時の持ち物チェックリスト

すぐに持ち出せるように、以下の避難グッズを事前に用意しておくと、万が一のときでも安心です。

□持ち出し用のキャリー	□新聞紙
□キャリーカバー	□ウエットシート
□えさ入れ	□動物病院の診察券
□給水ボトル	□使い捨てカイロ
□ビニール袋	□保冷剤
□飼育日記	□スポイト
□食料(約1週間分)	□薬類
□飲み水	□除菌消臭スプレー
□ペットシーツ	

また、SNSなどでチンチラの飼い主同士で連絡を取り合い、随時情報交換を行うといいでしょう。

チンチラとのお別れ

お別れのあとをどのように弔うかを決めておこう

命の終わりは必ず来ます。その日を迎えるときのために、飼い主が心得ておくことがあります。

感謝の気持ちでさよならを

とても悲しいことですが、いつかは可愛いチンチラにさよならを言わなければいけない日が訪れます。

愛するチンチラが旅立つ日まで、後悔のないように愛情を持って接し、最後は感謝の気持ちを持って温かく見送りましょう。

チンチラも、天国から飼い主がいつまでも悲しんでいる姿を見るのよりも、幸せに過ごしている姿を見たいはずです。

また、チンチラは長生きをする動物なので、万が一自分に何かが起きた場合を想定して、チンチラをどうするかを考えてノートに残しておきましょう。

チンチラを自宅の庭に埋める場合

自宅に庭がある場合は、庭に埋葬することができます。

なるべく40cm以上の深い穴を掘って十分な量の土をかけます。穴の深さが浅い場合は何かの拍子で出てきてしまったり、他の野生動物が匂いを嗅いで掘り出してしまう可能性があるので注意しましょう。

葬儀をお願いする場合

ペット葬儀屋さんに火葬をお願

いする場合は、複数のペットと一緒に火葬を行う合同葬儀、単独で火葬を行う個別葬儀、飼い主や家族が祭壇の前で最後のお別れをして火葬を行う立ち会い葬儀などさまざまな種類があります。

ペット葬儀屋さんとよく相談して、気になることがあったらすぐに確認してください。

そして、自分の気持ちや予算をよく考えて葬儀の種類を決めるようにしましょう。

亡くなる前の経緯や病気の症状を報告しよう

もしかかりつけの病院があった場合、亡くなる前の経緯や病気の状態を記録して、かかりつけの獣医師に報告しましょう。

また、チンチラが亡くなる前の状況を正確に書き記すことができるのなら、その内容を多くの人に共有してみてください。

それが同じような病気や症状を持つチンチラを助けられる貴重な手掛かりになるかもしれません。

ペット葬儀屋さん選びの心得

動物の火葬業者には基本的に法的規制がありません。ですので、以下の心得を基本とし、ペット葬儀屋さん選びは慎重に行うことが大切です。

その1 1社だけではなく複数の葬儀屋さんに見積もりを取ること

その2 見積もり依頼の際は、ペットの種類、大きさなどの必要情報を伝え、オプション料金を含めた総額を書面で確認すること

その3 知人に経験者がいれば相談すること

その4 お寺などがある場合は、生前に一度は足を運んでおくこと

Check!

ペット葬儀屋さんにお願いする前に確認したいこと

チンチラの火葬をペット葬儀屋さんにお願いする前に下記のことを確認しておきましょう。

- ホームページ上で過去にチンチラを火葬した実績があるかを確認
- ペット葬儀屋さんの口コミ情報
- 火葬代にお迎え費用（出張費）は含まれるか否か
- 土日祝も対応してもらえるのか？　追加料金は必要か？
- 葬儀後にかかる費用はどうか？

<制作スタッフ>

■編集／制作プロデュース 有限会社イー・プランニング
■ライター／木部みゆき
■ＤＴＰ・本文デザイン／小山弘子
■イラスト／田渕愛子、suika
■カメラ／居木陽子
■撮影協力・写真提供
青島康乃、内田雅子、内田葉子、隈元亜紀、小林芳則
高野晴美、対馬千穂、猪岡 麻衣、吉野成枝

イースター株式会社、株式会社川井、株式会社三晃商会、GEX 株式会社
ナチュラルペットフーズ株式会社、株式会社 Suzzy Japan、株式会社マルカン
株式会社ワンキャビン、有限会社 SBS コーポレーション、Royal Chinchilla

[モデル]
表紙：ライム、美麗、キキ、シュタール
背表紙：シュタール
裏表紙：キキ
まえがき：パルメ、ポトフ、シェリ、ふく、グウ、マーブル、
本文：アッサム、キキ、こまち、桜子、ジャンプ、柊馬、シュタール、スターダム、
スカイ、たくの、タッピー、チラ、つくね、劍、トイ、トゥルー、トト、にしき、美麗、
ふく、フランダー、ふわ、マノン、メイ、モンロー、ライム、わさび、

チンチラ飼育バイブル
長く元気に暮らす　50のポイント　新版

2023年5月20日　　　第1版・第1刷発行

監修者　田向健一（たむかい　けんいち）
協力者　鈴木理恵（すずき りえ）
発行者　株式会社メイツユニバーサルコンテンツ
代表者　大羽孝志
〒102-0093 東京都千代田区平河町一丁目 1-8
印　刷　株式会社厚徳社

◎『メイツ出版』は当社の商標です。

●定価はカバーに表示してあります。
ISBN978-4-7804-2776-9 C2077 Printed in Japan.

ご意見・ご感想はホームページから承っております
ウェブサイト　https://www.mates-publishing.co.jp/

編集長：堀明研斗　企画担当：千代 寧

※本書は2020年発行の『チンチラ飼育バイブル 長く元気に暮らす50のポイント』を
「新版」として発売するにあたり、内容を確認し一部必要な修正を行ったものです。